"1+X"《LED 显示屏应用职业技能等级证书》配套教材
诺瓦星云 NCE 认证项目配套教材

LED显示屏应用
（中级）

组　编　西安诺瓦星云科技股份有限公司

主　编　陈卫国　李康瑞　何国经

副主编　姜安国　赵星梅　韦桂锋

参　编　齐瑞征　王　栋　李育彬　郦世奇

　　　　罗　鹏　胡　岗　韩小杰　马千里

　　　　马保林　杜长磊　楚鹏飞　林创业

　　　　刘　琨　林锦波　陈建涛　丘　聪

　　　　陈　红　姜海波

电子工业出版社·

Publishing House of Electronics Industry

北京·BEIJING

内 容 简 介

本书是《LED 显示屏应用职业技能等级证书》的系列配套教材之一，内容对应《LED 显示屏应用职业技能等级证书》的中级证书标准。本书不仅涵盖了 LED 显示屏组件介绍、屏体结构设计等内容，还着重讲解了 LED 显示屏及其箱体的配置调试，介绍了同、异步控制系统的常见异常现象排查，有助于读者从对 LED 控制系统的基础概念了解提升到掌握 LED 显示屏的应用调试。

本书可作为职业院校相关专业的 LED 显示屏控制系统的基础学习教材，也可作为已经具有 LED 显示屏行业基础知识的读者用来丰富控制系统应用调试等知识的参考书。

图书在版编目（CIP）数据

LED 显示屏应用：中级 / 陈卫国，李康瑞，何国经主编. —北京：电子工业出版社，2023.1

ISBN 978-7-121-44995-6

Ⅰ. ①L… Ⅱ. ①陈… ②李… ③何… Ⅲ. ①LED 显示器－职业教育－教材 Ⅳ. ①TN141

中国国家版本馆 CIP 数据核字（2023）第 009161 号

责任编辑：张 凌　　　　特约编辑：田学清
印　　刷：北京虎彩文化传播有限公司
装　　订：北京虎彩文化传播有限公司
出版发行：电子工业出版社
　　　　　北京市海淀区万寿路 173 信箱　　　　邮编：100036
开　　本：880×1230　1/16　　印张：14　　　字数：329 千字
版　　次：2023 年 1 月第 1 版
印　　次：2024 年 5 月第 4 次印刷
定　　价：79.00 元

凡所购买电子工业出版社图书有缺损问题，请向购买书店调换。若书店售缺，请与本社发行部联系，联系及邮购电话：（010）88254888，88258888。

质量投诉请发邮件至 zlts@phei.com.cn，盗版侵权举报请发邮件至 dbqq@phei.com.cn。

本书咨询联系方式：（010）88254549，zhangpd@phei.com.cn。

我国是 LED 显示屏的生产制造大国，全球超过 80%的 LED 显示屏由我国生产。同时，我国也是全球 LED 显示屏应用最大的市场之一，我国的市场份额约占全球市场份额的 60%。

随着 LED 显示屏行业的工艺制程及全产业链的技术发展，LED 显示屏在众多的应用场合已经具备与液晶、投影等传统主流显示设备同台竞技的可能，并且 LED 的物理属性决定了其在亮度、色域、对比度等方面具有先天优势，加上用来构建完整显示器的最小单元之间连接方式的高度灵活性，使 LED 显示屏在越来越多的应用场景中逐步取代传统的液晶和投影显示设备。近年来，LED 显示屏行业保持着迅猛的发展势头，无论是上下游产业链的生产制造规模，还是整个行业的需求规模都在不断扩大，在 5～8 年内整个产业有望达到万亿级规模。随之而来的是行业技术人才的严重缺乏，这在一定程度上制约了 LED 显示屏行业的发展。

《国家职业教育改革实施方案》的出台为众多企业指明了方向，要从根本上解决行业应用型技术人才短缺的问题，就应该从源头抓起，将行业需求、岗位特征、行业技能等内容提前融入学校教育阶段，面向职业院校着力培养高素质高技能的应用型技术人才。为了推动行业需求融入学校教育，解决行业人才供需矛盾的问题，诺瓦星云申请成为了《LED 显示屏应用职业技能等级证书》的培训评价组织，联合众多职业院校开展了教育部第四批"1+X"证书制度试点工作。为此专门开发系列配套教材，全系列教材共 7 本，分别是《LED 显示屏应用（初级）》《LED 显示屏应用（中级）》《LED 显示屏应用（高级）》《LED 显示屏校正解决方案》《LED 显示屏视频处理技术》《光电显示系统设计与实施》《显示系统调试与故障排查》。

本书为系列教材中的基础应用教材，是由多位诺瓦星云的资深工程师结合多年来的行业实践、培训经验联合编撰而成的。本书内容紧扣当前行业的应用场景，能够保证读者从书中所学的内容无缝衔接地应用到实际工作中。本书在章节设计上遵循由简入繁、由浅入深的原则，从 LED 显示屏的组件介绍到 LED 显示屏的结构设计，再到 LED 显示屏的系统调试，结合实践经验，一步步地将 LED 显示屏介绍、调试等内容展示给读者。

本书包含 6 个章节：LED 显示屏组件介绍，LED 显示屏屏体结构设计，LED 显示屏/箱体配置，复杂同步 LED 显示屏系统调试，异步 LED 显示屏网络集群系统，以及常见问题排查、分析、处理。

第 1 章主要介绍 LED 显示屏的元器件组成，从单个 LED 到组成一套完整的 LED 显示屏系统需要的零部件均做了详细介绍，使读者对 LED 显示屏系统组成有一个全面、详细的了解。

第 2 章主要介绍室内、户外 LED 显示屏根据不同的项目要求及环境应该如何设计屏体结构，包括项目前期的勘测、结构荷载计算及最终的结构设计，向读者详细阐述了从无到有的计算、LED 显示屏屏体结构的设计。

第 3 章主要介绍显示屏组成单元灯板的电路原理、如何配置箱体配置文件、配置文件中各参数的意义及最终的箱体带载方案设计。从基础原理到最终完成方案设计，使读者对 LED 显示屏控制系统有更深入的了解。

第 4 章主要介绍超大 LED 显示屏的实现方案、保证系统稳定的系统备份设置及多个不同应用场景的解决方案，使读者对 LED 显示屏的实际应用场景及针对每个应用场景的解决方案有更广泛的了解。

第 5 章主要介绍通过云平台远程发布节目内容到 LED 显示屏，并实现远程监控 LED 显示屏的播放内容、屏体状态等信息，使读者知道如何通过云平台控制、监控 LED 显示屏终端。

第 6 章为本书的最后一章，主要介绍同步控制系统及异步控制系统的常见问题的分析及处理方法。读者通过学习本章内容，可以具备在 LED 显示屏控制系统方面基础问题的排查、分析和解决能力。

读者通过学习本书内容，可以极大丰富 LED 显示屏应用领域的知识，成为 LED 显示屏行业的专业人才。

参与本书编写工作的有陈卫国、李康瑞、何国经、姜安国、赵星梅、韦桂锋、齐瑞征、王栋、李育彬、郦世奇、罗鹏、胡岗、韩小杰、马千里、马保林、杜长磊、楚鹏飞、林创业、刘琨、林锦波、陈建涛、丘聪、陈红、姜海波。

由于编者水平和时间有限，书中难免存在不足之处，敬请广大读者批评指正。

CONTENTS

目 录

第 1 章　LED 显示屏组件介绍 1

　　1.1　LED 2

　　　　1.1.1　封装类型 2

　　　　1.1.2　参数指标 4

　　1.2　驱动芯片 5

　　　　1.2.1　芯片类型 5

　　　　1.2.2　厂家信息 7

　　　　1.2.3　芯片型号 7

　　1.3　面罩 7

　　　　1.3.1　面罩的作用 8

　　　　1.3.2　面罩的选择 8

　　1.4　接收卡 9

　　1.5　线缆 9

　　　　1.5.1　双绞线 9

　　　　1.5.2　光纤 13

　　　　1.5.3　视频线/接口 19

　　1.6　箱体 25

　　　　1.6.1　箱体的组成及作用 26

　　　　1.6.2　箱体的类型 27

　　1.7　发送卡/独立主控 29

　　1.8　视频处理器 30

　　1.9　视频控制器 32

第 2 章　LED 显示屏屏体结构设计 34

　　2.1　室内 LED 显示屏结构设计 35

　　　　2.1.1　室内 LED 显示屏现场勘测 35

　　　　2.1.2　室内 LED 显示屏承重结构荷载计算 35

　　　　2.1.3　室内 LED 显示屏屏体结构设计 37

　　2.2　户外 LED 显示屏结构设计 39

2.2.1　户外 LED 显示屏现场勘测 39

2.2.2　户外 LED 显示屏承重结构荷载计算 44

2.2.3　户外 LED 显示屏屏体结构设计 48

第 3 章　LED 显示屏/箱体配置 54

3.1　扫描灯板的电路原理 55

3.2　常规箱体配置文件制作 56

3.2.1　点亮单个 LED 模组——智能设置 56

3.2.2　配置单个箱体 66

3.3　异形箱体配置文件制作 73

3.3.1　异形箱体定义 73

3.3.2　软件操作 74

3.3.3　扩展知识 78

3.4　接收卡界面参数解析 81

3.4.1　通用芯片的接收卡界面参数 81

3.4.2　双锁存芯片的接收卡界面参数 83

3.4.3　PWM 芯片的接收卡界面参数 85

3.5　接收卡常用转接板类型 87

3.5.1　接收卡自带式转接板 87

3.5.2　独立式转接板 88

3.5.3　箱体主板一体式转接板 89

3.5.4　接收卡带载参数极限 90

3.6　接收卡程序升级 92

3.6.1　接收卡程序升级的原因 93

3.6.2　接收卡程序升级的方法 93

3.6.3　注意事项 95

3.7　典型接收卡带载方案设计 95

3.7.1　接收卡功能简介 95

3.7.2　数据组介绍 96

3.7.3　数据组计算方式 96

3.7.4　接收卡带载总结 98

第 4 章　复杂同步 LED 显示屏系统调试 99

4.1　超大屏方案介绍 100

4.1.1　超大屏现行方案概述 100

4.1.2　视频拼接器加发送卡实现超大屏方案 101

4.1.3　视频控制器拼接带载实现超大屏方案 104

4.1.4　视频拼接服务器实现超大屏方案 106

4.2　系统备份设置 109

   4.2.1　发送卡级联备份 109

   4.2.2　同一发送卡不同网口之间的备份设置 112

   4.2.3　级联发送卡之间的备份设置 114

   4.2.4　非级联发送卡之间的备份设置 116

   4.2.5　硬件备份设置 119

4.3　小型租赁现场方案介绍 120

   4.3.1　切换器基础概念 120

   4.3.2　切换器主要功能 120

   4.3.3　切换器主要应用场景 123

   4.3.4　切换器主要状态获取 125

   4.3.5　切换器操作逻辑介绍 126

   4.3.6　切换器控制平台简介 128

4.4　远距离传输方案介绍 130

   4.4.1　远距离传输的应用场景 130

   4.4.2　远距离传输方案 132

   4.4.3　光电转换方案调试 134

4.5　3D 显示解决方案介绍 134

   4.5.1　3D 显示技术简介 134

   4.5.2　3D 显示技术的系统架构 136

   4.5.3　系统带载能力的限制条件 137

   4.5.4　3D 视频源的分类 139

   4.5.5　3D 显示的设置 140

第5章　异步 LED 显示屏网络集群系统 146

5.1　异步 LED 显示屏网络集群系统方案设计 147

   5.1.1　方案概述 147

   5.1.2　系统方案 148

   5.1.3　方案特性及优势 149

   5.1.4　系统参数及安全 153

   5.1.5　业务功能 159

   5.1.6　案例展示 163

5.2　网络组建调试 164

   5.2.1　有线连接 166

   5.2.2　Wi-Fi 连接 167

   5.2.3　4G/5G 连接 167

5.3　云发布、云监控平台 169

5.3.1 什么是"云" 169

5.3.2 云方案在 LED 显示系统中的应用 169

5.3.3 行业常见云平台 171

5.4 多异步终端集群节目发布 171

5.4.1 账号注册与登录 172

5.4.2 终端绑定 174

5.4.3 媒体上传 174

5.4.4 节目制作与发布 175

5.5 多异步终端集群控制 177

5.5.1 亮度调节 177

5.5.2 音量调节 178

5.5.3 视频源切换 179

5.5.4 播放器重启 180

5.5.5 屏幕状态控制 181

5.5.6 监控 182

5.5.7 电源控制 183

5.5.8 对时配置 184

5.5.9 同步播放 186

5.5.10 播放管理 187

5.5.11 播放器升级 187

5.6 云监控 188

5.6.1 设备绑定 189

5.6.2 信息监控 189

5.6.3 运维工具 193

第 6 章 常见问题排查、分析、处理 195

6.1 同步控制系统常见问题 196

6.1.1 控制器未正确识别视频源 196

6.1.2 LED 显示屏不受控问题 198

6.1.3 LED 显示屏闪屏问题 203

6.2 异步控制系统常见问题 207

6.2.1 控制电脑无法成功连接至异步播放器 208

6.2.2 安装了 4G 模块却无法上网 211

6.2.3 通过云平台下发节目异常问题 213

第 1 章

LED 显示屏组件介绍

LED（Light-Emitting Diode，发光二极管）显示屏，是由 LED 通过一定的控制方式陈列组成的显示屏幕。从结构组成来看，LED 显示屏由很多箱体（一张接收卡带载区域）拼接组成；箱体由灯板、接收卡、电源等组成；灯板由 LED、驱动芯片及面罩组成。本章依次对 LED 显示屏的各组成部分做详细介绍。

1.1 LED

1.1.1 封装类型

随着 LED 显示屏行业的不断发展，LED 封装技术也不断发展，现有直插式、表贴式和集成式 3 种封装类型。

1. 直插式封装

LED 自 20 世纪 70 年代发明以来，一直到 2010 年左右都是以直插式封装为主的。直插式 LED 是一块电致发光的半导体材料。直插式封装是将电致发光的半导体材料置于一个有引线的架子上，四周用环氧树脂胶密封，这样做能起到保护内部芯线的作用。直插式 LED 实物图如图 1-1 所示。

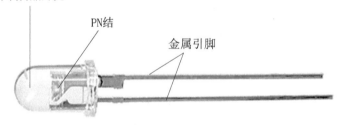

图 1-1　直插式 LED 实物图

图 1-2　直插式 LED 发光示意图

在直插式封装中，PN 结区发出的光是非定向的，即光同时向各个方向进行发射。直插式 LED 材料的透光率及结构构造等因素导致 PN 结发出的光并不是都可以释放出来，这主要取决于半导体材料的质量、PN 结结构、封装内部结构与包封材料。

直插式封装中，顶部包封常用的环氧树脂外壳一般会做成圆形，用来提高 PN 结的光出射效率及增大可视角度，如图 1-2 所示。按照圆形外壳的直径分类，直插式 LED 可分为 ϕ2mm、ϕ3mm、ϕ5mm、ϕ7mm 等类型。另外，PN 结发光波长随温度变化（0.2～0.3）nm/℃。直插式 LED 90%的热量通过负极金属引脚散发到 PCB 中，10%的热量散发到空气中。

这些技术特点使直插式 LED 结构简单、制造成本低、亮度高及产品可靠性高，推动了 LED 显示屏早期的商业化应用。目前，在 P10mm 以上的户外 LED 显示屏中，直插式 LED 仍被广泛地使用。然而，直插式 LED 尺寸大、对比度低、发光角度小、组装不便等缺点，一直制约着其在 LED 显示屏行业的发展。

2. 表贴式封装

表贴式封装又称 SMD（Surface Mounted Devices）封装。表贴式封装即使用自动贴片设备将片式化、微型化的 LED 直接焊接到 PCB 等布线基板表面的特定位置。表贴式 LED 是通过将发光功率晶片填入金属支架，再灌胶晾干制成的，其形状主要为立方体。表贴式 LED 实物图如图 1-3 所示。

表贴式 LED 的发光面是单正面，其制作工艺决定了表贴式 LED 表面比直插式 LED 表面更平整顺滑，所以其点亮画面显示效果表现会更好。表贴式 LED 采用了更轻的封装线路板和反射层材料，缩小了尺寸、减轻了质量，适用于室内及部分户外 LED 显示屏。对于表贴式 LED 来说，焊盘是其散热的重要途径。厂家可以根据 LED 引脚的大小来设计回流焊焊盘的大小。

表贴式 LED 因其自身的优势，在 2012 年左右迅速发展。表贴式封装主要应用在 P1.0mm～P10mm 的 LED 显示屏产品中。与直插式 LED 相比，表贴式 LED 在体积、质量、可靠性、一致性、视角、外观等方面表现更好。目前表贴式 LED 在 LED 显示屏行业的应用较为广泛。

但是，表贴式 LED 从小间距 1010 产品发展到 0404 产品，其面积已经降为原来的 16%，无论在封装难度、器件可靠性方面，还是在终端贴片精度方面，表贴式封装已经不再适用于 P1.0mm 以下的产品。

3. 集成式封装

集成式封装包含 COB（Chip On Board，板上芯片）封装和 IMD（Integrated Matrix Devices，集成矩阵式器件）封装两种类型。COB 封装是一种将多个 LED 晶片与 PCB 直接相连实现导热的结构，省去了单个 LED 封装后贴片的工艺，解决了表贴式 LED 面临的一些问题。COB 封装示意图如图 1-4 所示。

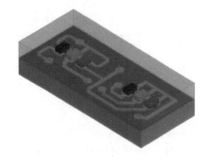

图 1-3　表贴式 LED 实物图　　　　图 1-4　COB 封装示意图

COB 封装是上游芯片技术、中游封装技术及下游显示技术的集成，不仅可以减少支架成本、简化制作工艺，还可以降低芯片热阻，实现高精密化封装。相较于 SMD 封装，COB 封装省去了混灯的环节，所以看起来一致性特别差，这就是每台使用 COB 封装的 LED 显示屏在出厂时需要校正的原因。COB 封装虽然在点间距、画面显示质量、防磕碰能力、整体可靠性等方面有很大的优势，但是在生产效率、良率、产品均匀一致性等方面仍存在技术难题，这些因素也制约着当前 COB 封装技术的推广及应用。

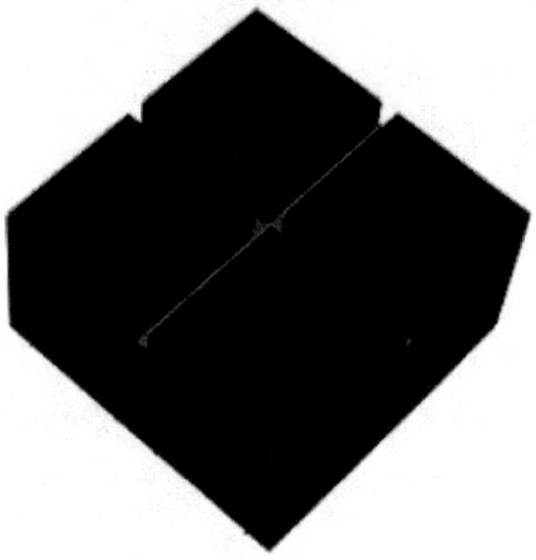

IMD 封装采用多像素集成封装，它结合了 SMD 封装和 COB 封装的优点，尺寸精度方面优于 SMD 封装，墨色一致性及良率方面优于 COB 封装。此外，IMD 封装产业链配套成熟，可实现快速产业化。目前行业内使用比较多的是四合一 IMD 封装，如图 1-5 所示。

图 1-5　四合一 IMD 封装示意图

▶▶ 1.1.2　参数指标

1. 波长

LED 是基于半导体 PN 结通电后发光的原理制成的电子元器件。不同材料的半导体 LED 因其禁带宽度的不同而发出不同颜色的光。

LED 发出的光的波长计算公式如下：

$$\lambda = \frac{hc}{\text{Eg}}$$

式中，λ 为光的波长；h 为普朗克常数；c 为光速；Eg 为材料禁带宽度。

LED 显示屏应用中，红色 LED 发出的光的波长为 650～700 nm；绿色 LED 发出的光的波长为 555～570 nm；蓝色 LED 发出的光的波长为 450～480 nm。

2. 发光强度

LED 发光强度是表示 LED 在给定方向上单位立体角内的光通量的物理量。发光强度的国际单位为坎德拉，符号为 cd。

一般 LED 生产厂商给出的发光强度是指 LED 在 20mA 电流下点亮，在最佳视角及中心位置上发光强度最大的点的发光强度。红色 LED 的平均发光强度为 420mcd，绿色 LED 的平均发光强度为 1620mcd，蓝色 LED 的平均发光强度为 285mcd。

3. 可视角度

LED 可视角度又称半功率角度，是在观察方向的亮度下降到 LED 法线亮度的 1/2 时，同一个平面的两个观察方向与法线方向所成的夹角，是刚好能看到 LED 显示内容的方向与显示屏法线所成的夹角，如图 1-6 和图 1-7 所示。可视角度与观看角度及距离有很大关系，其具体数值只能用专业仪器来测量。可视角度分为水平可视角度与垂直可视角度。

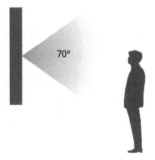

图 1-6　垂直可视角度　　　　　图 1-7　水平可视角度

最佳视角是刚好能看到 LED 的显示内容，且不偏色，图像内容最清晰的方向与法线所成的夹角。通俗地讲，就是人眼能够看清 LED 画面的最大或最小角度，但这只能通过人眼主观判断。

LED 可视角度的大小主要由 PN 结封装方式决定，可视角度并不是越大越好，比如户外 LED，白天阳光直射，户外 LED 要有足够的亮度且大于太阳光的亮度才能保证显示效果。可视角度过大，使 LED 不聚光、发光强度降低。因此，用户可以根据现场情况和自身需求选择可视角度不同的 LED。

1.2　驱动芯片

1.2.1　芯片类型

驱动芯片通过控制 LED 显示屏中每个 LED 的发光情况（亮、灭、亮度）来驱动 LED 显示屏按照预定的形式进行显示，驱动芯片性能的好坏对 LED 显示屏的显示质量起着至关重要的作用。

由于 LED 是电流特性器件，即在饱和导通的前提下，LED 的亮度随其电流的变化而变化，不随其两端电压的变化而变化，因此，驱动芯片一般采用恒流源驱动方式。恒流源驱动方式可保证 LED 的稳定驱动，消除 LED 的闪烁现象。

由于 LED 具有快速时间响应特性，因此可采用脉冲方式驱动 LED 发光。LED 行业中通常使用 PWM（Pulse Width Modulation，脉冲宽度调制）来实现亮度和灰度的控制。LED 的亮度与流过它的电流大小相关，LED 的灰度与电流的导通时间长短相关。电流的导通时间越短，灰度越低，亮度也越低。驱动芯片通过控制单位时间内 LED 的电流的导通时间长短来实现不同的灰度，LED 的灰度与扫描周期内的导通时间成正比，所以灰度等级是通过控制 LED 导通时间与扫描周期的比值来实现的。另外，灰度等级由驱动芯片支持的灰度数据位数决定，比如 16 位驱动芯片的灰度等级是 65 536。

驱动芯片根据显示效果可分为通用芯片、双锁存芯片和 PWM 芯片 3 类。

1. 通用芯片

通用芯片是根据 LED 的发光特性而专门设计的驱动芯片，如图 1-8 所示，用于 LED 显示屏的驱动，具有输出电流大、恒流等特点，适用于对电流要求大的场合。

通用芯片可以为 LED 显示屏提供高精度的恒流源，保证各信道 LED 发光质量的均衡，满足人眼对光感差异的需求，保证均匀画质输出。针对不同行业，通用芯片还可以增加一些特殊功能以满足用户需求，如电流增益调节、点检等功能。

使用通用芯片的 LED 显示屏经常出现"鬼影""毛毛虫"、因刷新不足导致的频闪线、晃动及因低对比度导致的画面色彩失真、亮度明暗不均等显示问题，这些显示问题都会使 LED 显示屏的显示效果大打折扣。

2．双锁存芯片

在通用芯片的基础上，双锁存芯片增加了一个缓存空间。通用芯片只有一个缓存空间，当传输低灰度数据（OE 宽度很窄，实现亮度很低）时，通用芯片需要等待数据传输完成才能进行显示输出，使 LED 显示屏亮度有效率比较低。而双锁存芯片增加了一个缓存空间，专门用来缓存数据，这样可以将亮度有效率提高。

双锁存芯片满足了用户对高刷新率、高亮度有效率和消隐功能的需求，但是双锁存芯片的缺点是拍照效果比较差。

双锁存芯片如图 1-9 所示。

图 1-8　通用芯片　　　　　　　　图 1-9　双锁存芯片

3．PWM 芯片

图 1-10　PWM 芯片

PWM 芯片，如图 1-10 所示，在通用芯片的基础上增加了 RAM 模块，用于 16bit 数据位移缓存。PWM 芯片通过缓存的灰度数据和灰度时钟共同作用，将 LED 导通的时间平均分成数个较短的导通时间且保持灰度等级精度不变，不仅提高了刷新率，还降低了对控制器发送灰度时钟的要求，使视觉刷新频率得到很大提高，进而使 LED 显示屏画面闪烁次数降低。内建的 PWM 高刷新算法，具备高视觉刷新频率、高灰度等级和高利用率等特点。

PWM 芯片与双锁存芯片和通用芯片相比，其带载宽度更大、更宽。PWM 芯片内部自带存储器，其内部的芯片面积比双锁存芯片和通用芯片大 4 倍，但 PWM 芯片的价格也比双锁存芯片和通用芯片高很多。

PWM 芯片将一帧数据缓存，通过"乒乓操作"交替显示。该设计的缺点导致画面显示延迟一帧画面的时间。

▶ 1.2.2　厂家信息

LED 显示屏驱动芯片的市场集中度很高，且芯片产品的技术较为成熟，国际大厂主导市场的局面随着中国驱动芯片设计企业市场竞争力的提升得到改变。

首先，集创北方、日月成、士兰微、明微、富满、视芯等企业凭借其独有的芯片制造工艺和全产业链的成本控制，实现了可靠的产品性能和超低的产品价格，使其芯片产品在竞争激烈的 LED 显示屏领域占有较高的市场份额。

其次，部分中国台湾地区企业，如聚积科技、明阳，凭借强大的资金、研发实力、坚实的专利技术积累、先进的芯片制造工艺水平，在 LED 显示屏领域有较强的市场竞争力和较高的市场份额，并在高端驱动芯片领域处于主导地位。

最后，一些传统驱动芯片厂家，如德州仪器、东芝，在 LED 显示屏驱动芯片领域发展较早，专利技术优势明显，但是在价格和产品性能方面优势不明显，故其市场份额在持续萎缩。

▶ 1.2.3　芯片型号

驱动芯片常见厂家及型号如表 1-1 所示。

表 1-1　驱动芯片常见厂家及型号

驱动芯片品牌	通用芯片	双锁存芯片	PWM 芯片
聚积科技	MBI5024	MBI5124	MBI5153
集创北方	ICN2028	ICN2038S	ICN2053
日月成	SUM2017	SUM2017TD	SUM2035
明阳	MY9168	MY9868	MY9748
明微	SM16017	SM16237	SM16259

1.3　面罩

LED 显示屏的面罩是为保护 LED 显示屏免受意外损坏而设计的，对整个显示屏的显示效果有至关重要的作用。面罩采用的模块化设计能在现场快速更换模块、器件及调整屏体表面的黑色层次；面罩采用的光陷阱设计能很大程度地吸收外部光线，减少屏体表面的"冲洗效果"；采用的独特几何形状设计的面罩帽檐能排除雨水和积雪，以防止在 LED 灯面形成视觉障碍物。灯板面罩如图 1-11 所示。

图 1-11　灯板面罩

▶▶ 1.3.1　面罩的作用

LED 显示屏面罩的 5 大用途如下。

1．面罩防直射光

屏体面罩帽檐遮挡直射光对 LED 的照射，同时防止了强光在 LED 上的反射，这对保证 LED 显示屏在阳光照射下的显示效果很重要。LED 显示屏面罩帽檐遮挡直射光的遮挡率在中午时分高于 75%，且遮挡率的高低主要由面罩帽檐及屏体的安装角度决定。

2．面罩防眩光

通过屏体面罩慢散射锯齿纹达到防眩光的效果。LED 显示屏面罩要达到防眩光的效果，眩光产生必须控制在 10%以内，且防眩率的高低主要由面罩慢散射锯齿纹决定。

3．面罩防灰尘

屏体面罩帽檐使灰尘不直接落在 LED 上，同时通过灰尘导流槽排走灰尘，这对 LED 显示屏的持续显示效果很重要。防尘效果的好坏主要由面罩帽檐和维护清扫决定。

4．面罩防积水

屏体面罩帽檐和导水沟槽使雨水能快速排出，避免直接在 LED 中形成积水，这对 LED 显示屏的持续显示效果很重要。

5．面罩防 UV

通过选择 LED 显示屏屏体面罩材料来防 UV，即防止 UV 照射后面罩老化，这对 LED 显示屏白天的画面显示效果很重要。

▶▶ 1.3.2　面罩的选择

对于一块 LED 显示屏来说，观众能够直接看到的材料只有 LED 及面罩。面罩的效果和耐候性在很大程度上影响 LED 显示屏的显示效果及持久性，面罩的选择和处理也是 LED 显示屏持续靓丽的关键。

1．材料选择

面罩材料选用 PC+10%GF。添加纯黑黑色母、抗 UV 剂及阻燃剂，其阻燃等级为 94V-0 级。该材料抗变形性能强，平整度好，不易裂变，能有效减少紫外线对其照射产生的影响。

2．表面处理

面罩表面喷抗 UV 高温亚光黑釉，不反光，整屏拼装后黑屏墨色均匀，无模块化现象。

3. 系列防护设计

系列防护设计包括遮阳帽设计、面罩正面防眩光设计、消除模块化的设计等，可使面罩不积水、不积尘、防眩光。

1.4 接收卡

接收卡是 LED 箱体显示的控制中枢，可以将前端输入的数据进行处理和转化，并且可以根据 LED 箱体不同的驱动芯片和驱动电路输出不同的控制信号来控制 LED 箱体的正常显示。

接收卡工作原理：接收卡启动后，MCU 发送控制命令将 Flash 存储芯片中的程序传输至 FPGA，使整张接收卡开始工作。接收卡正常工作后，通过网络接口接收由发送卡发出的音/视频信号，经过网络收发器将信号放大并传输至 FPGA，通过 FPGA 对音/视频信号进行解码处理，解码后的数据传输至接收卡输出接口。用户可以根据 LED 灯板的实际接口设计对应的 HUB 转接板接口，通过 HUB 转接板实现接收卡与 LED 灯板的连接，从而实现 LED 灯板的显示和控制。

接收卡结构如图 1-12 所示。接收卡按照接口可分为 50pin 接口接收卡和自带 HUB 接收卡两类。

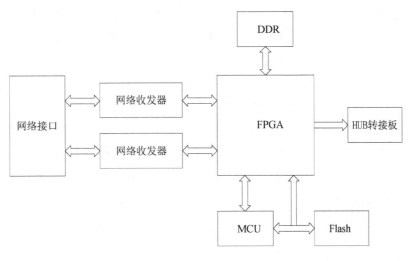

图 1-12 接收卡结构

目前市场主流的接收卡品牌有诺瓦星云、卡莱特、灵星雨等。

1.5 线缆

▶ 1.5.1 双绞线

双绞线（Twisted Pair，TP）是综合布线工程中最常用的一种布线类型，是由两根单独的绝缘导线按照某种标准以互相绞缠的方式组成的。

双绞线一般由两根 22～26 号绝缘铜导线相互绞缠而成，双绞线的名字也由此而来。实际使用时，由多对双绞线一起包在一个绝缘电缆套管里，通过绞缠导线，一部分噪声信号沿一个方向传输（发送），而另一部分噪声信号沿反方向传输（接收），这种导线相互缠绕的形式可有效减少导线上的磁效应，并且来自外部的干扰信号会被导线的绞缠相互抵消。简单来说，与单根导线或非双绞水平排列的线对相比，双绞线减少了线对间的电磁辐射和相邻线对间的干扰，并有效抑制了来自外部的电磁干扰。

与其他传输介质相比，双绞线在传输距离、信道宽度和数据传输速率等方面均受到一定限制，但其价格较为低廉，所以在工程中应用比较广泛。

1. 双绞线的分类

1）按照有无屏蔽层进行分类

双绞线分为屏蔽双绞线（Shielded Twisted Pair，STP）和非屏蔽双绞线（Unshielded Twisted Pair，UTP）。

屏蔽双绞线在双绞线与外层绝缘封套之间有绝缘层或金属屏蔽层（通常是铜质），可以更好地屏蔽传输线，使其不受外部电磁场干扰。为避免天线效应，屏蔽双绞线一般建议接地。额外的保护结构降低了线材的弹性，同时提高了此种线材的采购价格。

屏蔽双绞线中每条线都有各自的屏蔽层，并且屏蔽双绞线的两端都正确接地时才起作用。因此，要求整个系统是屏蔽器件，包括电缆、信息点、水晶头和配线架等，同时建筑物需要有良好的接地系统。

屏蔽层可减少辐射、防止信息被窃听，也可防止外部电磁干扰的进入，使屏蔽双绞线比同类的非屏蔽双绞线具有更高的传输速率。但是在实际施工时，屏蔽双绞线很难全部完美接地，从而使屏蔽层本身成为最大的干扰源，导致其性能远不如非屏蔽双绞线。因此，在综合布线系统中通常只采用非屏蔽双绞线。

非屏蔽双绞线相对于屏蔽双绞线，没有任何屏蔽层或者单独的绝缘封套。

非屏蔽双绞线具有以下优点。

（1）无屏蔽外套，直径小，节省所占用的空间，成本低。

（2）质量轻、易弯曲、易安装。

（3）将干扰减至很小或加以消除。

（4）具有阻燃性。

（5）具有独立性和灵活性，适用于结构化综合布线工程。

因此，在综合布线工程中非屏蔽双绞线得到了广泛的应用，其价格远低于光纤和同轴电缆。但由于使用过长的非屏蔽双绞线传输数据会导致信号衰减，因此非屏蔽双绞线主要用于短途传输，传输距离一般不大于 100m。

2）按照频率和信噪比进行分类

常见的双绞线有三类线、五类线、超五类线及六类线等，五类线和超五类线的线径细而六类线的线径粗，具体型号说明如下。

一类线（CAT1）：由 2 对双绞线组成的非屏蔽双绞线。该类电缆的最高传输频率是 750kHz，主要为模拟语音通信而设计，不适合网络应用。

二类线（CAT2）：由 4 对双绞线组成的非屏蔽双绞线。该类电缆的最高传输频率是 1MHz，用于语音传输和最高传输速率为 4Mbit/s 的数据传输，常见于使用 4Mbit/s 规范令牌传递协议的旧令牌网。

三类线（CAT3）：由 4 对双绞线组成的非屏蔽双绞线，是 ANSI/EIA/TIA-568 标准中指定的电缆，该类电缆的传输频率为 16MHz，最高传输速率为 10Mbit/s，用于语音传输、传输速率为 10Mbit/s 的以太网及传输速率为 4Mbit/s 的令牌环，最大网段长度为 100m。该类电缆采用 RJ 形式的连接器，已淡出网络应用市场。

四类线（CAT4）：由 4 对双绞线组成的非屏蔽双绞线。该类电缆的传输频率为 20MHz，用于语音传输和最高传输速率为 16Mbit/s 的数据传输、基于令牌的局域网、10BASE-T 及 100BASE-T，最大网段长度为 100m。该类电缆采用 RJ 形式的连接器，未被广泛采用。

五类线（CAT5）：由 4 对双绞线组成的非屏蔽双绞线。该类电缆增加了绕线密度，外套一种高质量的绝缘材料，线缆最高传输频率为 100MHz，最高传输速率为 100Mbit/s，用于语音传输和最高传输速率为 100Mbit/s 的数据传输、100BASE-T 和 1 000BASE-T，最大网段长度为 100m。该类电缆采用 RJ 形式的连接器，是较常用的以太网电缆。在双绞线电缆中，不同线对具有不同的绞距长度，通常 4 对双绞线绞距周期在 38.1mm 以内，按逆时针方向扭绞，一对线对的扭绞长度在 12.7mm 以内。

超五类线（CAT5e）：由 4 对双绞线组成的非屏蔽双绞线。该类电缆具有衰减小、串扰少等优点，并且具有更高的衰减与串扰的比值（ACR）、信噪比（SNR）及更小的时延误差，性能得到很大提升。超五类线主要用于传输速率为 1000Mbit/s 的以太网。

六类线（CAT6）：该类电缆的传输频率为 1MHz～250MHz，六类布线系统在传输频率为 200MHz 时综合衰减串扰比（PS-ACR）有较大的余量，它提供超五类线的 2 倍带宽。六类线的传输性能远远高于超五类线，适用于传输速率高于 1Gbit/s 的应用。六类线与超五类线的一个重要的不同点在于六类线改善了在串扰及回波损耗方面的性能，对于新一代全双工的高速网络应用而言，优良的回波损耗性能是极其重要的。六类线标准中取消了基本链路模型，布线标准采用星形的拓扑结构，要求永久链路长度不能超过 90m、信道长度不能超过 100m。

超六类线（CAT6A）：此类产品传输带宽在六类线和七类线之间，传输频率为 500MHz，传输速率为 10Gbit/s，标准外径为 6mm。和七类线产品一样，国家还没有出台正式的检测标准，只是行业中有此类产品，由各厂家宣布测试值。

七类线（CAT7）：全屏蔽双绞线，传输频率为 600MHz，传输速率为 10Gbit/s，单线标准外径为 8mm，多芯线标准外径为 6mm。

八类线（CAT8）：全屏蔽双绞线，传输频率最大为 2GHz，适合传输速率为 25Gbit/s 或 40Gbit/s 的网络传输应用。该类电缆材质偏硬，无法安装在狭小空间内，可以替代数据中心中的光纤进行短连接。

双绞线类型的数字越大，其版本越新、技术越先进、带宽越宽、价格也越高。不同类型的双绞线标注方法是这样规定的：如果是标准类型，则按 CATx 方式标注。例如，常用的五类线和六类线在线的外皮上标注 CAT5 和 CAT6；如果是改进版，则按 xe 方式标注。例如，超五类线在线的外皮上标注 CAT5e。

无论哪一种线，衰减随频率的增高而增大。在设计布线时，要考虑到受到衰减的信号还应当有足够大的振幅，以便在有干扰的条件下能够在接收端正确地被检测出来。双绞线能够传输多高速率的数据还与数字信号的编码方式有关。在 LED 显示屏行业中，建议使用五类线及以上版本的双绞线。

2．双绞线的线序标准

一般情况下，一根双绞线电缆中包含 8 根线，即 4 对双绞线，双绞线线皮的颜色通常为橙色、绿色、蓝色、棕色、橙白色、绿白色、蓝白色和棕白色。

在国际上较有影响力的3家综合布线组织为 ANSI（American National Standards Institute，美国国家标准协会）、TIA（Telecommunication Industry Association，美国通信工业协会）及 EIA（Electronic Industries Alliance，美国电子工业协会）。由于 TIA 和 ISO 两家组织经常进行标准制定方面的协调，所以 TIA 和 ISO 颁布的标准差别不大。在北美乃至全球的双绞线标准中应用较广的是 ANSI/EIA/TIA-568A（以下简称 568A）和 ANSI/EIA/TIA-568B（以下简称 568B），两个标准最主要的区别是线序的不同。

568A 的线序定义依次为绿白、绿、橙白、蓝、蓝白、橙、棕白、棕，如表 1-2 所示。

表 1-2　568A 的线序

绿白	绿	橙白	蓝	蓝白	橙	棕白	棕
1	2	3	4	5	6	7	8

568B 的线序定义依次为橙白、橙、绿白、蓝、蓝白、绿、棕白、棕，如表 1-3 所示。

表 1-3　568B 的线序

橙白	橙	绿白	蓝	蓝白	绿	棕白	棕
1	2	3	4	5	6	7	8

根据标准 568A 和 568B，RJ-45 连接头（俗称水晶头）各触点在网络连接中的作用分别为 1、2 发送，3、6 接收，4、5、7、8 为双向线。对与其相连接的双绞线来说，为降低相互干扰，标准要求 1、2 必须是绞缠的一对线，3、6 也必须是绞缠的一对线，4、5 相互绞缠，7、8 相互绞缠。由此可见，两个标准没有本质的区别，只是连接 RJ-45 时 8 根双绞线的线序不同，在实际的网络工程中多采用 568B 标准，在 LED 显示屏行业中均采用 568B 标准。

568A/568B 的 RJ-45 连接头如图 1-13 所示。

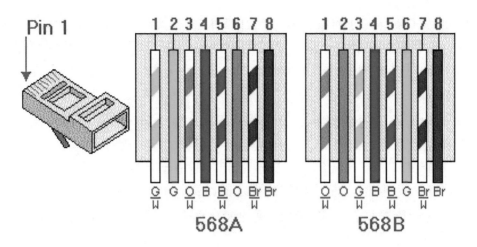

图 1-13　568A/568B 的 RT-45 连接头

1.5.2　光纤

光纤是光导纤维的简称，是一种由玻璃或塑料制成的纤维，如图 1-14 所示。它是一种利用光在纤维中以全内反射原理进行传输的光传导工具，在长距离内具有束缚和传输光的作用。

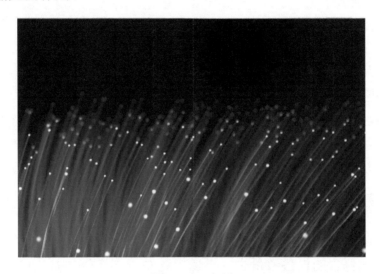

图 1-14　光纤

微细的光纤封装在塑料保护套中，使其能够弯曲而不至于断裂。通常，光纤一端的发射设备使用 LED 或一束激光将光脉冲发送至光纤中，光纤另一端的接收设备使用光敏组件检测脉冲。

1. 光纤传输的技术优势

1）频带宽

频带的宽窄代表传输容量的大小。载波的频率越高，传输信号的频带宽度越大。在 VHF 频段，载波频率为 48.5MHz～300MHz，频带宽度约为 250MHz，只能传输 27 套电视信号和几十套调频广播信号。可见光的频率达 100 000GHz，比 VHF 频段高一百多万倍。尽管光纤对不同频率的光有不同的损耗，使频带宽度受到影响，但在低损耗区的频带宽度也可达 30 000GHz。单个光源的频带宽度只占了其中

13

很小的一部分（多模光纤的频带宽度约几百兆赫兹，好的单模光纤的频带宽度大于10GHz），采用先进的相干光通信可以在 30 000GHz 范围内安排 2000 个光载波进行波分复用，可以容纳上百万个频道。

2）损耗低

在同轴电缆组成的系统中，较好的电缆在传输 800MHz 信号时，每千米的损耗在 40dB 以上。相比之下，光纤的损耗要小得多，若传输 1.31μm 的光，则每千米损耗在 0.35dB 以下；若传输 1.55μm 的光，则每千米损耗小于 0.2dB，比同轴电缆的功率损耗小一亿倍，使其能传输更远的距离。

此外，光纤传输损耗几乎不随温度的变化而变化，所以不用担心因环境温度变化而造成的干线电平的波动。

3）质量轻

光纤非常细，单模光纤芯线直径一般为 4μm～10μm，外径为 125μm（加上防水层、加强筋、护套等），用 4～48 根光纤组成的光缆直径还不到 13mm，比标准同轴电缆的直径（47mm）小得多，而且光纤是玻璃纤维，比重小，具有直径小、质量轻的特点，安装十分方便。

4）抗干扰能力强

因为光纤的基本成分是石英，只传光，不导电，不受电磁场的作用，在其中传输的光信号不受电磁场的影响，所以光纤传输对电磁干扰、工业干扰有很强的抵御能力，在光纤中传输的信号不易被窃听，利于保密。

5）保真度高

因为光纤传输一般不需要中继放大，所以不会因为放大引入新的非线性失真。只要激光器的线性好，就可高保真地传输信号。实际测试表明，好的调幅光纤系统的载波复合三次差拍比 C/CTB 在 70dB 以上，交扰调制比 CM 在 60dB 以上，远高于一般电缆干线系统的非线性失真指标。

6）工作性能可靠

一个系统的可靠性与组成该系统的设备数量有关，设备越多，发生故障的概率越大。光纤系统包含的设备数量少（不像电缆系统那样需要几十个放大器），可靠性较高，加上光纤设备的寿命很长，无故障工作时间为 50 万～75 万小时，其中寿命较短的是光发射机中的激光器，其寿命也在 10 万小时以上。故一个设计良好、正确安装调试的光纤系统的工作性能是非常可靠的。

7）成本不断下降

有人提出了新摩尔定律，又称光学定律。该定律指出，光纤传输信息的频带宽度每 6 个月增加 1 倍，而价格降低 1/2。由于制作光纤的材料（石英）来源丰富，随着技术的进步，成本进一步降低，而电缆所需的铜原料有限，价格越来越高。光通信技术的发展为 Internet 宽带技术的发展奠定了良好的基础。

2. 光纤的分类

光纤主要是按照工作波长、折射率分布、原材料、传输的模式数量等进行分类的。

（1）光纤按照工作波长可分为紫外光纤、可观光纤、近红外光纤、红外光纤。

紫外光纤是指工作波长为 200nm～670nm 的低损耗优化后的光纤，在光纤损耗、抗激光损伤方面性能优异，保证优良的紫外光传输性能，一般用于生化分析、光学传感、光谱分析等领域。

红外光纤在近红外波段具有优良的传输性能，可以实现单纤激光柔性传输，用于半导体激光器系统、工业激光切割系统等能量传输与传感领域。

（2）光纤按照折射率分布可分为阶跃型光纤、近阶跃型光纤、渐变型光纤、其他光纤（如三角型光纤、W 型光纤、凹陷型光纤等）。

阶跃型光纤的纤芯折射率和包层折射率都是均匀的，但纤芯折射率高于包层折射率，折射率在两者分界处发生突变。

渐变型光纤的纤芯折射率是渐变的，中心折射率最高，沿径向逐渐减小；包层折射率是均匀的。目前渐变光纤纤芯折射率分布曲线大多呈抛物线分布。

W 型光纤的纤芯折射率可以是均匀的，也可以是渐变的，主要区别是包层折射率是否出现阶跃变化，形成双包层或多包层结构，其折射率分布曲线因似字母 W 而得名，它的特点是可以进一步减小色散、增大通信容量。

（3）光纤按照原材料可分为石英光纤、多成分玻璃光纤、塑料光纤、复合材料光纤（如塑料包层光纤、液体纤芯光纤等）、红外材料光纤等。

石英光纤主要由高纯度的石英制成，传输损耗小，主要用于光纤通信，是目前用量较大的光纤。

多成分玻璃光纤主要由特殊的光学玻璃制成，传输损耗大，主要用于传光束、传像束、扭像器及纤维面板等。

塑料光纤主要由高分子聚合物制成，价格低廉，但传输损耗大，一般用于短距离（数米）的信息传输，或用于传光、传像。

液体纤芯光纤是先把石英管制成毛细管的尺寸，然后用四氯乙烯或其他液体加压填充而制成的，它是 20 世纪 70 年代研制的一种光纤，目前在一些特殊用途中仍被采用。

光纤的制造方法有预塑和拉丝法，预塑有气相轴向沉积（VAD）、化学气相沉积（CVD）等，拉丝法有管棒法（Rod In Tube）和双坩埚法等。

（4）光纤按照传输的模式数量可分为单模光纤和多模光纤。

模是指以一定角速度进入光纤的一束光，模式是指传输线横截面和纵截面的电磁场结构图形，即电磁波的分布情况。一般来说，不同的模式有不同的场结构，且每一种传输线都有一个与其对应的基模或主模。根据光纤能传输的模式数量，可将其分为单模光纤和多模光纤。单模光纤与多模光纤原理如图 1-15 所示。多模光纤允许多束光在光纤中同时传播，从而形成模分散（因为每一束光进入光纤的角度不同，它们到达另一端点的时间也不同，这种特征称为模分散）；单模光纤只允许一束光传播，所以单模光纤没有模分散特征。

单模光纤在相同条件下，纤径越小衰减越小，可传输距离越远，使用激光器作为光源。单模光纤一般用于主干、大容量、长距离的系统。由于单模光纤模间色散很小，因此适用于远程通信，但存在着材料色散和波导色散，使单模光纤对光源的谱宽和稳定性有较高的要求。单模光纤只能传输基模（最低阶模），不存在模间时延差，具有比多模光纤大得多的带宽，这对高速传输是非常重要的。单模光纤的模场直径仅几微米（μm），其带宽一般比渐变型多模光纤的带宽高一两个数量级。

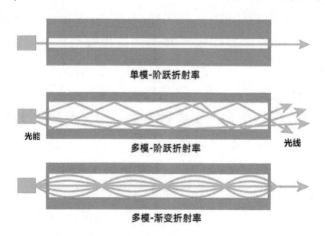

图 1-15　单模光纤与多模光纤原理

多模光纤使用 LED 作为光源，一般用于小容量、短距离的系统。由于多模光纤模间色散较大，限制了传输数字信号的频率，并且随距离的增加该情况会更加严重，因此多模光纤传输的距离比较近，一般只有几千米。

（5）为了使光纤具有统一的国际标准，国际电信联盟（ITU-T）制定了统一的光纤标准（G 标准）。按照 ITU-T 关于光纤的建议，可以将光纤分为以下几类：

① G.651 光纤（多模渐变型折射率光纤）。

② G.652 光纤（非色散位移光纤）。

③ G.653 光纤（色散位移光纤）。

④ G.654 光纤（截止波长位移光纤）。

⑤ G.655 光纤（非零色散位移光纤）。

为了适应新技术的发展需要，G.652 光纤已进一步分为 G.652A、G.652B、G.652C 三个子类，G.655 光纤也进一步分为 G.655A、G.655B 两个子类。

（6）按照国际电工委员会（IEC）标准分类，可以将光纤分为 A 类多模光纤和 B 类单模光纤。

其中，A 类多模光纤分为以下几类：

① A1a 多模光纤（50/125μm 型多模光纤）。

② A1b 多模光纤（62.5/125μm 型多模光纤）。

③ A1d 多模光纤（100/140μm 型多模光纤）。

B 类单模光纤分为以下几类：

① B1.1 单模光纤，对应 G652 光纤。

② B1.2 单模光纤，对应 G654 光纤。

③ B1.3 单模光纤，对应 G652C 光纤。

④ B2 单模光纤，对应 G.653 光纤。

⑤ B4 单模光纤，对应 G.655 光纤。

3. 光缆的分类

光缆是以一根或多根光纤或光纤束制成符合化学、机械和环境特性的结构。不论何种结构形式的光缆，都是由缆芯、加强元件和护层 3 部分组成的。一般根据光缆中光纤的数量决定光缆的芯数。

常用的户外光缆结构示意图如图 1-16 所示。户外光缆主要有中心管式光缆、层绞式光缆、骨架式光缆及 8 字型自承式光缆 4 种结构，每种光缆的结构特点如下

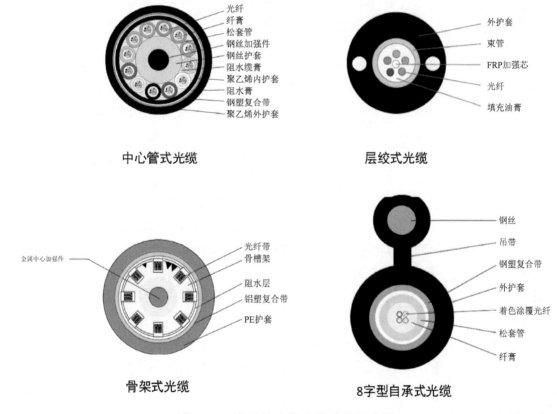

图 1-16　常用的户外光缆结构示意图

（1）中心管式光缆：光缆中心为松套管，加强构件位于松套管周围的光缆结构型式，如常见的 GYXTW 型光缆及 GYXTW53 型光缆，光缆芯数较小，通常在 12 以下。

（2）层绞式光缆：加强构件位于光缆中心，5～12 根松套管以绞合的方式绞合在中心加强件上，绞合通常为 SZ 绞合。此类光缆如 GYTS，通过对松套管的组合可以得到较大芯数的光缆。绞合层松套管通常采用红、绿领示色谱来分色，用于区分不同的松套管及不同的光纤。

（3）骨架式光缆：加强构件位于光缆中心，在加强构件上由塑料组成骨架槽，光纤或光纤带位于骨架槽中，光纤或光纤带不易受压，光缆具有良好的抗压性能。该结构的光缆在国内较少见，所占的比例较小。

（4）8 字型自承式光缆：该结构的光缆可以并入中心管式光缆与层绞式光缆中，

将其单独列出主要是因为该光缆结构与其他光缆有较大的不同。

常用的室内光缆按光纤芯数分类，主要有单芯、双芯及多芯光缆等。室内光缆主要由紧套光纤、纺纶及 PVC 外护套组成，根据光纤类型可分为单模和多模两类，单模室内光缆外护套颜色通常为黄色，多模室内光缆外护套颜色通常为橙色，还有部分室内光缆的外护套颜色为灰色。

4. 光纤接头的分类

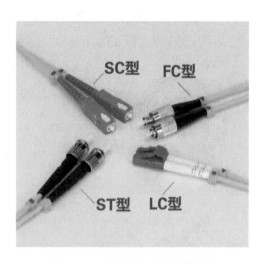

图 1-17　常用的光纤连接器

光纤的连接分为永久式连接和非永久式连接。光纤连接器（又称光纤适配器、法兰盘）用来进行非永久连接，它将光纤的两个端面精密地对接起来，使发射光纤的输出能最大限度地耦合到接收光纤中，并将对系统造成的影响降到最小。在一定程度上，光纤连接器影响了光传输系统的可靠性和各项性能。常用的光纤连接器如图 1-17 所示，有 FC 型、SC 型、ST 型和 LC 型等。

FC 型：圆形带螺纹的金属接头，紧固方式为螺丝扣。一般在 ODF 侧采用（配线架上用的较多），将螺帽拧到适配器上，优点是牢靠、防灰尘，缺点是安装时间稍长。此类连接器结构简单、操作方便、制作容易，但光纤端面对微尘较为敏感，且容易产生菲涅尔反射，提高回波损耗性能较为困难。因此对该类型连接器做了改进，采用对接端面呈球面的插针，其外部结构没有改变，使插入损耗和回波损耗性能有了较大幅度的提高。

SC 型：卡接式方形塑料接头，采用的插针和耦合套筒的结构尺寸与 FC 型完全相同，其中插针的端面多采用 PC 或 APC 型研磨方式，紧固方式采用插拔销闩式，无须旋转。SC 型接头直接插拔，使用方便，但是容易掉出来，一般用于传输设备侧光接口。1×9 光模块、GBIC 光模块都采用 SC 型接头。

ST 型：卡接式圆形外壳的金属接头，紧固方式为螺丝扣，常用于光纤配线架。ST 头插入后旋转半周有一卡扣固定，但是容易折断。

LC 型：小方形的塑料接头，与 SC 型接头形状相似，较 SC 型接头小，采用操作方便的模块化插孔闩锁机理制成。在单模光模块方面，LC 型连接器在市场上已经占据了主导地位，在多模方面的应用也在迅速增长。

5. 光模块的分类

光模块是进行光电和电光转换的光电子器件。光模块的发送端把电信号转换为光信号，接收端把光信号转换为电信号。

光模块的结构分为发射部分与接收部分。发射部分是输入一定码率的电信号，电信号经内部的驱动芯片处理后驱动半导体激光器或 LED 发射出相应速度的调制光信号。发射部分内部带有光功率自动控制电路，使输出的光信号功率保持稳定。

接收部分是一定码率的光信号输入模块后由光探测二极管转换为电信号，经前置放大器后输出相应码率的电信号。

　　光模块按照功能可分为光接收模块、光发送模块、光收发一体模块和光转发模块等；按照封装形式可分为 SFP 光模块、GBIC 光模块、XFP 光模块、Xenpak 光模块、X2 光模块、1X9 光模块、SFF 光模块、XPAK 光模块，如图 1-18 所示；按传输速率可分为低速率、100Mbit/s、1000Mbit/s、2.5Gbit/s、4.25Gbit/s、4.9Gbit/s、6Gbit/s、8Gbit/s、10Gbit/s 和 40Gbit/s。

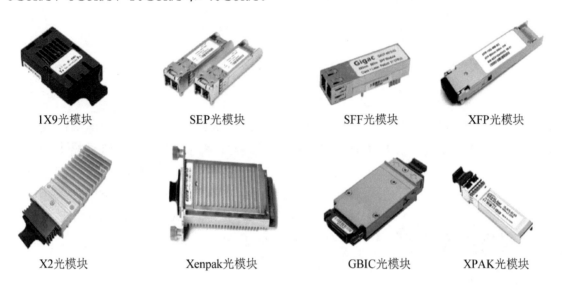

| 1X9光模块 | SEP光模块 | SFF光模块 | XFP光模块 |
| X2光模块 | Xenpak光模块 | GBIC光模块 | XPAK光模块 |

图 1-18　光模块分类

1.5.3　视频线/接口

1. AV 线/接口

　　AV 端子，又称复合端子（Composite Video Connector），是家用影音电器用来发送视频模拟信号（如 NTSC、PAL、SECAM）的常见端子。AV 端子通常采用黄色的 RCA 端子传送视频信号，另外配合两条红色与白色的线发送音频，称为三色线或红白黄线。AV 端子如图 1-19 所示。

　　标准视频输入接口，又称 AV 接口，是成对的白色音频接口和黄色视频接口。它采用 RCA（俗称莲花头）进行连接，使用时只需要将带莲花头的标准 AV 线缆与相应接口连接起来即可。AV 接口实现了音频和视频的分离传输，避免了因为音/视频混合干扰而导致的图像质量下降问题。但由于 AV 接口传输的依然是一种亮度/色度混合的视频信号，仍然需要显示设备对其进行亮度/色度分离和色度解码才能成像。这种先混合再分离的过程必然会造成色彩信号的损失，色度信号和亮度信号也很有可能会相互干扰，从而影响最终输出的图像质量。AV 接口仍具有一定的市场生命力，但其本身亮度/色度混合这一不可克服的缺点导致其无法在追求视觉极限的场合中使用。

　　CVBS 中文名字为"复合同步视频广播信号"或"复合视频消隐和同步"。CVBS 是被广泛使用的标准，是美国国家电视标准委员会（NTSC）电视信号的传统图像数据传输方法，以模拟波形来传输数据。复合视频包含色差（色调和饱和度）和亮度（光亮）信息，并将它们同步在消隐脉冲中，用同一信号传输。CVBS 接口如图 1-20 所示。

图 1-19　AV 端子　　　　　　　　　　图 1-20　CVBS 接口

2．VGA 线/接口

VGA（Video Graphics Array）线包括 VGA 接口和与其连接的电缆，通常指 VGA 接口。VGA 接口又称 D-Sub 接口，如图 1-21 所示。VGA 接口是显卡输出模拟信号的接口，虽然液晶显示器可以直接接收数字信号，但很多低端产品为了与 VGA 接口显卡相匹配而采用了 VGA 接口。VGA 接口是一种 D 形接口，共有 15 针，分成 3 排，每排 5 针，传输红、绿、蓝模拟信号及同步信号（水平和垂直信号）。

使用 VGA 接口连接设备，线缆长度不要超过 10m，而且要注意接头是否安装牢固，否则可能引起图像中出现虚影。

图 1-21　VGA 接口

VGA 接口支持多种分辨率，包括 320 像素×400 像素@ 70Hz / 320 像素×480 像素@ 60Hz（12.6 MHz 信号带宽）~1280 像素×1024 像素（SXGA）@ 85Hz（160 MHz 信号带宽）和 2048 像素×1536 像素（QXGA）@ 85Hz（388 MHz 信号带宽）。

VGA 接口最早支持 640 像素×480 像素分辨率下的 16 种颜色和 256 种灰度等级及 320 像素×240 像素分辨率下的 256 种颜色。之后在此基础上推出了更高分辨率的 800 像素×600 像素（SVGA）或 1024 像素×768 像素（XGA）、1820 像素×1024 像素（SXGA）等扩充模式，这些扩充模式仍然采用与 VGA 一致的接口，即 15 针的 D 形接口，传输模拟信号。

VGA 接口支持的分辨率如表 1-4 所示。

表 1-4　VGA 接口支持的分辨率

输入/输出分辨率
640 像素×480 像素@ 60Hz / 75Hz
800 像素×600 像素@ 60Hz / 75Hz
1024 像素×768 像素@ 60Hz / 75Hz
1280 像素×720 像素@ 60Hz / 75Hz
1280 像素×768 像素@ 60Hz / 75Hz

续表

输入/输出分辨率
1280 像素×1024 像素@ 60Hz / 75Hz，1280 像素×800 像素@ 60Hz / 75Hz
1280 像素×960 像素@ 60Hz / 75Hz，1360 像素×768 像素@ 60Hz
1366 像素×768 像素@ 60Hz，1440 像素×900 像素@ 60Hz，1440 像素×1050 像素@ 60Hz
1680 像素×1050 像素@ 60Hz，1600 像素×1200 像素@ 60Hz
1920 像素×1080 像素@ 60Hz / 50Hz / 30Hz / 25Hz / 24Hz

目前，VGA 标准对于个人电脑市场来说已经过时了，但是 VGA 标准仍然是制造商支持的标准，不管哪个厂商的显卡都支持 VGA 标准显示。

VGA 接口传输的仍然是模拟信号，对于以数字方式生成的显示图像信息，先通过数字/模拟转换器转变为 R、G、B 三原色信号和行、场同步信号，该信号再通过电缆传输到显示设备中，转换过程中的图像损失会使显示效果略微下降。

3．DVI 线/接口

DVI（Digital Visual Interface，数字显示接口）是 1998 年 9 月在 Intel 开发者论坛上成立的数字显示工作小组（Digital Display Working Group，DDWG）发明的一种用于高速传输数字信号的技术，有 DVI-A、DVI-D 和 DVI-I 三种不同类型的接口形式。DVI-D 只有数字接口，DVI-I 有数字和模拟接口，目前应用主要以 DVI-D（24+1）为主。

DVI 接口与 VGA 接口都是电脑中常用的接口。与 VGA 接口不同的是，DVI 接口可以传输数字信号，不用经过数模转换，所以画面质量非常高。目前，很多高清电视也提供了 DVI 接口。需要注意的是，DVI 接口有多种接口形式，常见的是 DVI-D 和 DVI- I。DVI-D 只能传输数字信号，可以用它来连接显卡和平板电视。DVI-I 不仅可以传输数字信号，还可以传输模拟信号，可与 VGA 接口相互转换。

不同类型 DVI 的性能参数如表 1-5 所示。

表 1-5　不同类型 DVI 的性能参数

DVI 类型	接　　口	信号类型	最大分辨率	带宽/bit/s
DVI-D 单链	DVI-D (Single Link)	数字	1920 像素×1200 像素@60Hz	4.954 G
DVI-D 双链	DVI-D (Dual Link)	数字	2560 像素×1600 像素@60Hz	9.99 G
DVI-I 单链	DVI-I (Single Link)	数字/模拟	1920 像素×1200 像素@60Hz	4.954 G
DVI-I 双链	DVI-I (Dual Link)	数字/模拟	2560 像素×1600 像素@60Hz	9.99 G

续表

DVI 类型	接　　口	信号类型	最大分辨率	带宽/bit/s
DVI-A 模拟	DVI-A	模拟	1920 像素×1200 像素@60Hz	

注意：DVI 的线缆长度不能超过 8m，否则会影响画面质量。

4．HDMI 线/接口

HDMI（High Definition Multimedia Interface，高清晰度多媒体接口）是一种兼具高清晰数字视频和数字音频传输能力的接口标准，是适合影像传输的专用型数字化接口，可同时传输音频和影像信号，最高数据传输速率为 18Gbit/s。同时，无须在信号传输前进行数/模或者模/数转换。

HDMI 线是一种全数字化影像与声音的传输线，可以用来传输未进行任何压缩的音频信号和视频信号。HDMI 线具有体积小、传输速率高、传输带宽宽、兼容性好、能同时传输无压缩音/视频信号等优点。HDMI 线如图 1-22 所示。

图 1-22　HDMI 线

HDMI 不同的接口类型对应的传输速率及最大分辨率如表 1-6 所示。

表 1-6　HDMI 不同的接口类型对应的传输速率及最大分辨率

接口类型		图片	传输速率/bit/s	最大分辨率
HDMI	HDMI 1.1		4.95 G	1920 像素×1200 像素@60Hz
	HDMI 1.2		4.95 G	1920 像素×1200 像素@60Hz
	HDMI 1.3		10.2 G	2560 像素×1600 像素@75Hz
	HDMI 1.4		10.2 G	3840 像素×2160 像素@30Hz 4096 像素×2160 像素@24Hz
	HDMI 2.0		18 G	4096 像素×2160 像素@60Hz

注意：HDMI 线缆长度不能超过 15m，否则会影响画面质量。

5．DP 线/接口

DP（Display Port）是一个由 PC 及芯片制造商联合开发、视频电子标准协会

（VESA）标准化的数字式视频接口。该接口免认证、免授权金，主要用于视频源与显示器等设备的连接，支持携带音频、USB 和其他形式的数据。作为 DVI 接口的继任者，DP 接口在传输视频信号的同时加入对高清音频信号的传输，同时支持更高的分辨率和刷新率。

DP 接口和 HDMI 接口一样允许音频与视频信号共用一条线缆传输，支持多种高质量数字音频。但比 HDMI 接口更先进的是，DP 接口在一条线缆上还可以实现更多的功能。在四条主传输通道之外，DP 接口还提供了一条功能强大的辅助通道。该辅助通道的传输带宽为 1Mbit/s，最高延迟仅为 500μs，可用作语音、视频等低带宽数据的传输通道，也可用于无延迟的游戏控制。

通过主动或被动适配器，DP 接口可与传统接口（如 HDMI 和 DVI 接口）向下兼容。根据设计，DP 接口既支持外置显示连接，也支持内置显示连接。VESA 希望笔记本电脑厂商使用 DP 接口不仅能连接独立显示器，也能直接连接液晶显示屏和主板，方便笔记本电脑的升级。因此，DP 接口设计得非常小巧，既方便笔记本电脑的使用，也允许显卡配置多个接口。

目前 DP 接口的外接型接头有两种，一种是标准型，类似 USB、HDMI 等接头；另一种是低矮型，主要针对连接面积有限的应用，如超薄笔记本电脑。DP 线如图 1-23 所示。

图 1-23　DP 线

DP 不同的接口类型对应的传输速率及最大分辨率如表 1-7 所示。

表 1-7　DP 不同的接口类型对应的传输速率及最大分辨率

接口类型		图片	传输速率/bit/s	最大分辨率
DP	DP1.1		10.8 G	2560 像素×1600 像素@60Hz 3840 像素×2160 像素@30Hz
	DP1.2		21.6 G	3840 像素×2160 像素@60Hz
	DP1.3		32.4 G	5120 像素×2880 像素@60Hz 7680 像素×4320 像素@30Hz
	DP1.4		32.4 G	7680 像素×4320 像素@60Hz

6．SDI 线/接口

SDI（Serial Digital Interface）是数字分量串行接口。HD-SDI 接口是一种广播

级的高清数字输入和输出端口，其中 HD 表示高清信号。由于 SDI 接口不能直接传输压缩数字信号，因此数字录像机、硬盘等设备记录的压缩信号重放后，必须经解压并经 SDI 接口输出才能进入 SDI 系统。如果反复解压和压缩，必将引起图像质量下降和延时增加，为此各种不同格式的数字录像机和非线性编辑系统规定了自身用于直接传输压缩数字信号的接口。

按照传输速率对 SDI 接口进行分类，可将 SDI 分为 SD-SDI、HD-SDI 和 3G-SDI，对应传输速率分别为 270Mbit/s、1.485Gbit/s 和 2.97Gbit/s。

SDI 接口均采用 BNC 接口，SDI 接口如图 1-24 所示，采用同轴电缆传输，有效传输距离为 100m。

图 1-24　SDI 接口

SDI 不同的接口型号对应的传输速率及最大分辨率如表 1-8 所示。

表 1-8　SDI 不同的接口型号对应的传输速率及最大分辨率

接口类型		传输速率/bit/s	最大分辨率
SDI	SD-SDI	270 M	720 像素×480 像素@30Hz 720 像素×576 像素@30Hz
	HD-SDI	1.485 G	1280 像素×720 像素@60Hz 1920 像素×1080 像素@30Hz
	3G-SDI	2.97 G	1920 像素×1080 像素@60Hz
	6G-SDI	6 G	3840 像素×2160 像素@30Hz
	12G-SDI	12 G	3840 像素×2160 像素@60Hz

7．HDBaseT 线/接口

HDBaseT 是由 HDBaseT 联盟提出和推广应用的一种接口标准。HDBaseT 联盟由日韩的 LG、SAMSUNG、SONY 等家电公司，以及以色列的半导体公司 Valens Semiconductor 组成，2009 年通过 Intel 的 HDCP 认证，2010 年 6 月确定了 HDBaseT 1.0 的正式规范标准。

HDBaseT 接口并没有像 HDMI 接口和 DP 接口一样重新设计接口，而是采用大众都不陌生的 8P8C（RJ-45）接头。HDBaseT 接口如图 1-25 所示，其传输介质采用了常见的网线。HDBaseT 标准除了具有视频信号传输的功能，还具有网络连接及以太网供电的功能。

图 1-25　HDBaseT 接口

　　HDBaseT 标准是以网络传输为基础的标准，可以将音频、视频、网络、控制信号和供电线路集中到一起，用普通网线作为传输线缆来传输。

　　HDBaseT 的优点如下：

　　① HDMI 线缆传输距离一般只有 30m 左右，大大限制了高清设备的使用范围，而 HDBaseT 线缆传输距离可达 100m。

　　② HDMI 线缆价格不菲，而 HDBaseT 使用便宜易得的 CAT5/CAT6 类以太网网线作为传输介质。

　　③ HDMI 是封闭的标准，厂商使用 HDMI 需要缴纳一定的授权使用费，而 HDBaseT 是开放的标准，无须缴纳额外费用。

　　④ HDBaseT 标准目前支持 20Gbit/s 的传输速率，是 HDMI 传输速率的 4 倍，可以满足所有未经压缩的 1080P 或更清晰的 4K 视频传输。

1.6　箱体

　　LED 箱体为一张接收卡所带载灯板的部分。对于 LED 显示屏而言，按照拼装类型可分为箱体拼装成的 LED 显示屏和模组拼装成的 LED 显示屏。箱体拼装成的 LED 显示屏如图 1-26 所示，模组拼装成的 LED 显示屏如图 1-27 所示。

　　模组拼装成的 LED 显示屏没有箱体结构，但从带载的角度考虑，一张接收卡所带载灯板的部分即为一个箱体的部分，所以在调试软件中，一张接收卡所带载的分辨率等于一个箱体的分辨率。

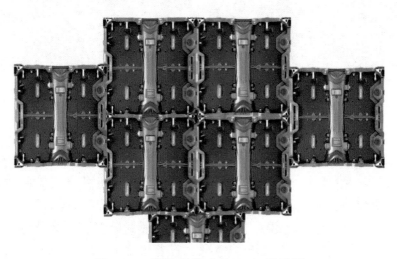

图 1-26　箱体拼装成的 LED 显示屏

图 1-27　模组拼装成的 LED 显示屏

1.6.1　箱体的组成及作用

LED 箱体一般是由接收卡、灯板及开关电源按照一定的规则排列构成的，箱体结构如图 1-28 所示。

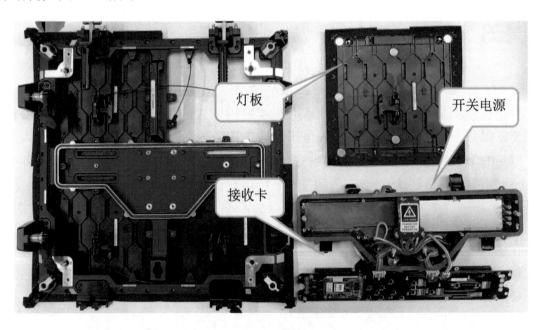

图 1-28　箱体结构

常规 LED 箱体只安装一张接收卡，但随着 LED 显示屏行业的发展，LED 显示屏的像素点间距越来越小、像素密度越来越大，相同规格尺寸的箱体可以容纳更多的像素点，实现更高的分辨率。根据屏体厂商的箱体设计，如果单个箱体的像素点数超过单张接收卡的带载极限，则需要使用两张甚至多张接收卡进行带载，这种一个箱体安装两张甚至多张接收卡的情况，在行业中被称为一箱两卡、一箱多卡。一箱两卡示意图如图 1-29 所示。

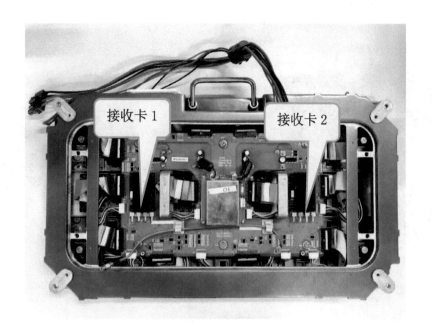

图 1-29　一箱两卡示意图

LED 箱体能够实现的重要效果为固定效果和保护效果。

固定效果对内固定 LED 灯板、开关电源等显示屏元器件，一切元器件有必要固定在箱体内部以便完成整个显示屏的衔接；对外固定框架结构或钢结构。

保护效果能够起到保护箱体中的电子元器件不受外部环境干扰的作用，具有出色的防护效果。

1.6.2　箱体的类型

按照箱体的材料分类，可将箱体分为以下类型。

1. 铁质 LED 箱体

铁质 LED 箱体出现在 LED 行业发展的初期，箱体略大且较笨重，如图 1-30 所示。铁质 LED 箱体有密封和简易箱体之分，同一尺寸和材质，密封 LED 箱体的价格高于简易 LED 箱体的价格。

密封 LED 箱体与简易 LED 箱体的主要区别如下。

① 密封 LED 箱体的防护等级可以达到 IP65，各种环境下都能正常工作，主要应用于户外。

② 简易 LED 箱体做工相对简单，主要应用于室内。

2. 压铸铝箱体

压铸铝箱体质量轻、结构合理、精度高，基本可实现无缝拼接。压铸铝箱体不仅是传统箱体的简单升级，还从结构、性能方面进行了全面的优化。采用专利制作的紧凑型户内租赁显示屏，箱体拼接精度高，拆装、维护极为便捷。压铸铝箱体如图 1-31 所示。

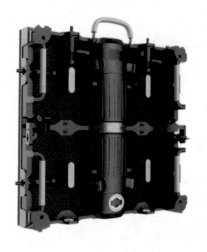

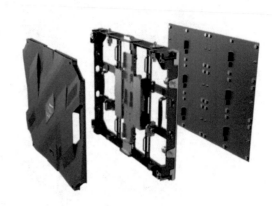

图 1-30　铁质 LED 箱体　　　　　　　　图 1-31　压铸铝箱体

3．纳米高分子材料箱体

纳米高分子材料箱体具有防震抗摔的特点，质量非常轻，相对压铸铝箱体价格更低，装卸简单、搬运轻便，运输费用低，成本低。纳米高分子材料箱体如图 1-32 所示。

4．碳纤维箱体

碳纤维箱体设计超薄、质量轻、强度好，耐拉力为 1500kg，每平方米的质量仅为 9.4kg。碳纤维箱体采用全模块化的设计，维护保养更方便，45°直角边可实现屏体 90°拼接安装，同时提供非透明背板，适合体育场馆、户外广告灯等领域的大面积安装需求。碳纤维箱体如图 1-33 所示。

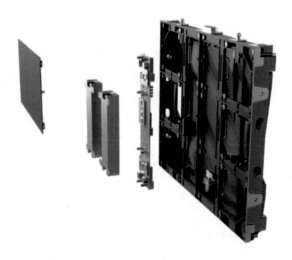

图 1-32　纳米高分子材料箱体　　　　　　图 1-33　碳纤维箱体

5．镁铝合金箱体

镁合金是以镁为基础加入其他元素组成的合金，其特点是密度小、强度高、散热好、消震性好，承受冲击荷载能力比铝合金大，耐有机物和碱的腐蚀性能好。镁铝合金用作 LED 箱体性价比高、安装简便，其极佳的散热性能使产品更具市场优势。镁铝合金箱体如图 1-34 和图 1-35 所示。

图 1-34　镁铝合金箱体 1

图 1-35　镁铝合金箱体 2

按照使用环境分类，可将箱体分为防水箱体和简便箱体。

按照装置地址与显现功能分类，可将箱体分为前翻箱体、双面箱体和弧形箱体等。

按照维护方式分类，可将箱体分为前维护箱体和后维护箱体。

1.7　发送卡/独立主控

发送卡/独立主控是将前端视频源（如电脑、视频处理器、媒体服务器等）信号进行转换并传输给 LED 显示屏的控制系统的核心设备。LED 显示屏独立主控如图 1-36 所示。

图 1-36　LED 显示屏独立主控

行业内一般会根据发送卡/独立主控的带载能力进行分类，每个千兆网口的带载能力是 65 万像素点。

市面上常见的发送卡种类为 2 网口发送卡（带载能力为 130 万像素点）、4 网口发送卡（带载能力为 230 万像素点）、4K 发送卡或者 16 网口发送卡（带载能力为 830 万像素点）。

发送卡主要由前端信号源输入模块、FPGA 处理控制器、千兆网口输出模块构成。LED 显示屏发送卡原理图如图 1-37 所示。

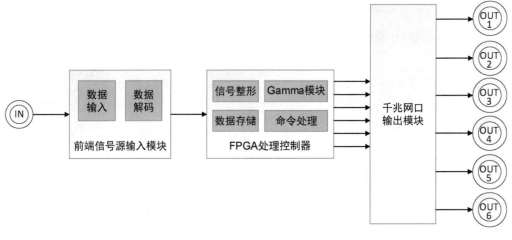

图 1-37　LED 显示屏发送卡原理图

信号源解码芯片将解码得到的数据和控制信号传给 FPGA 处理控制器，FPGA 处理控制器先通过内部的 RAM 进行缓存，并进行色彩空间变换和 Gamma 变换的操作，然后将处理后的数据通过千兆网口输出模块进行输出。

色彩空间变换：一般指的是 RGB444、YUV444 及 YUV420 等色彩空间格式变换。

Gamma 变换：当输入源为 10bit/12bit 时进行 Gamma 变换，并将输入源转换成 16bit。

数据经过 FPGA 处理控制器处理完成后经过并串转换传输给千兆网口输出模块，千兆网口输出模块则按照一定的网络协议格式将接收到的数据进行打包输出。

当前市场主流的发送卡品牌有诺瓦星云、卡莱特、灵星雨等。

1.8　视频处理器

视频处理器是 LED 全彩显示屏诞生、成长及成熟的全程见证者和标志性设备，LED 专用的视频处理设备在此过程中也逐渐走向成熟。视频处理器的优劣直接影响 LED 显示屏的显示效果。

随着 LED 行业的发展，LED 显示屏仅显示电脑的画面已经无法满足用户的显示需求，传统发送卡仅能显示常规的 HDMI、DVI 等信号。如果用户想显示 SDI 摄像机信号或者 CVBS、VGA 等模拟信号时，由于传统发送卡并没有以上视频接口，因此无法播放对应内容。如果使其播放完整内容，则需要使用视频处理器，并且在 LED 显示屏的生产过程中，点间距的差异导致每一块屏体并非是标准的分辨率，因此出现画面不全或显示黑边的情况，这时需要视频处理器的缩放功能对图像进行缩小或者放大。

视频处理器伴随 LED 行业的发展，给行业带来更丰富的现场应用与成熟的解决方案，在这个过程中，视频处理器一般有以下功能。

① 视频源位深度提升。当前 LED 显示屏的灰度等级已经提升到 15bit、16bit，

大部分输入信号的灰度等级仅为 8bit。因此，随着 LED 显示屏显示画质的不断提升，输入源的灰度等级实现 10bit、12bit 在视频处理器中应用也是大势所趋。

② 分辨率规格转换。常见的视频信号（如蓝光 DVD、电脑、高清播放盒等）提供的信号分辨率都是固定的行业标准，而 LED 显示屏由箱体或者模组拼接组成，其分辨率几乎为任意数值，视频处理器将各种各样的信号分辨率转换为 LED 显示屏的实际物理显示分辨率。

③ 图像缩放。分辨率规格转换过程中需要对图像进行缩放，无论分辨率增大或者减小，都可以使显示屏显示完整的图像。

④ 图像处理与画质增强技术。数字图像处理技术从 20 世纪 20 年代发展到现在，出现了一大批针对图像处理与画质增强的技术，如 HDR10、HLG、色温调节等，这些技术无疑使图像的视觉效果有了很大的提升。

⑤ 图像切换。针对不同格式的视频信号进行管理和控制，实现不同信号之间的切换。

⑥ 图像截取。从输入信号中任意截取一块显示区域，并将其缩放输出到后端的显示介质中。

总的来说，视频处理器在系统架构中一般放在独立主控的前端、视频源的后端，接收前端的图像信号并将其转化成 LED 显示屏能接收的信号，最终将画面显示在 LED 显示屏上。视频处理器在系统架构中的位置如图 1-38 所示。

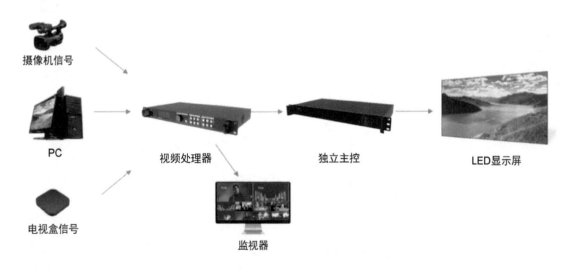

图 1-38　视频处理器在系统架构中的位置

市场上的视频处理器有诺瓦星云、小鸟科技、淳中科技、唯奥视讯、迈普视通、视诚等诸多品牌。常见的视频处理器品牌及型号如表 1-9 所示。

表 1-9　常见的视频处理器品牌及型号

视频处理器品牌	视频处理器型号
诺瓦星云	N6、N9、VS 系列、H 系列
小鸟科技	E2 系列、E4 系列
淳中科技	Apollo Pro-V4 系列、Mobius 系列

视频处理器品牌	视频处理器型号
唯奥视讯	LVP603、LVP605、LVP615、LVP86XX
迈普视通	LED-750H、LED-E800、LED-W4000
视诚	X 系列、D 系列

1.9 视频控制器

由于市面上的视频处理器品牌有很多，不同系列的产品也非常多，"视频处理器+独立主控"的方案在实际使用过程中遇到了许多挑战，如设备多、稳定性差，出现问题之后推诿扯皮及兼容性的问题等，因此诞生了"视频处理器+独立主控"二合一的视频控制器。

"视频处理器+独立主控"的系统拓扑如图 1-39 所示。

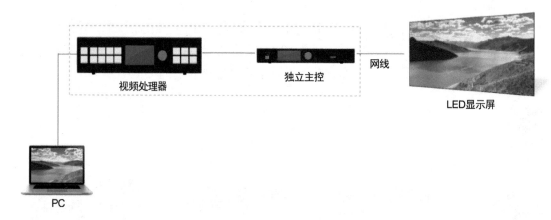

图 1-39 "视频处理器+独立主控"的系统拓扑

视频控制器的系统拓扑如图 1-40 所示。

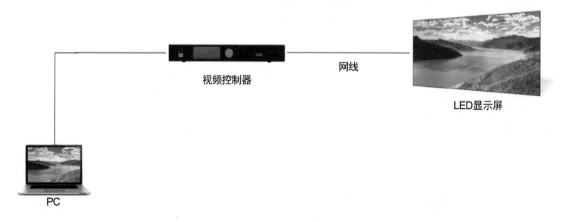

图 1-40 视频控制器的系统拓扑

简单来说，视频控制器是一个既集成了视频处理器的功能又集成了发送卡的功能的设备，减少了传统系统架构中设备的数量，并且提高了运行可靠性与产品的实用性。

　　视频控制器除了要求有视频处理方面的技术，还要求有控制系统方面的研发能力。目前市面上主流的视频控制器有诺瓦星云、卡莱特、凯视达、灵星雨等诸多品牌。常见的视频控制器品牌及型号如表 1-10 所示。

表 1-10　常见的视频控制器品牌及型号

视频控制器品牌	视频控制器型号
诺瓦星云	V 系列、K 系列、VX 系列
卡莱特	X 系列、Z 系列
凯视达	SV 系列
灵星雨	X 系列

第 2 章

LED 显示屏屏体结构设计

2.1　室内 LED 显示屏结构设计

近些年，LED 显示屏行业和技术不断发展，特别是自 2008 年以来，国家各种大型活动对 LED 显示屏的引入，使 LED 显示屏的应用越来越广泛，市场需求日益增长，LED 显示屏也由开始的大点间距、户外安装逐步向小点间距、室内安装转变。相比户外 LED 显示屏，室内 LED 显示屏的安装设计更为复杂。室内 LED 显示屏安装前期准备需要经历 3 个过程：室内 LED 显示屏现场勘测，室内 LED 显示屏承重结构荷载计算，室内 LED 显示屏屏体结构设计。

2.1.1　室内 LED 显示屏现场勘测

室内安装环境相比户外，区别在于安装空间和场地的限制，因此在室内 LED 显示屏安装前，需要对安装现场进行实际勘测、充分评估，评估工作主要从以下两个方面开展。

1. 现场环境

室内 LED 显示屏安装前需要对安装环境进行全面的测量和评估，对安装现场附属的门、通道、电梯、地面承重、空间高度等进行实际勘查和测量，根据实际勘查数据确定屏体安装相关物料、工具是否能顺利进入，如果不能顺利进入，则需要根据现场环境进行调整或使用替代方案。

2. 安装环境

室内 LED 显示屏安装前需要与用户方确认屏体的准确安装位置及大小，根据现场实际情况及用户需求确定安装方式，如吊装式、嵌入式、座装式、立柱式等。如果安装位置已有屏体，则需要考虑拆除方案、原有屏体支撑结构是否可继续使用；如果安装位置首次安装显示屏，则需要根据屏体分辨率大小、物理尺寸及质量等确定安装位置是否需要进行改造、扩建等，同时确定好适合现场的安装方式。考虑到施工的安全性，优先使用座装式或嵌入式，其次使用立柱式。如果以上方式都不能实施，则使用吊装式。

对于屏体安装位置周边的地面结构、承重能力等，需要与用户方进行确认，获取准确数据，便于屏体实际安装时进行核算。

2.1.2　室内 LED 显示屏承重结构荷载计算

室内 LED 显示屏安装前需要充分考虑屏体的整体质量，确保屏体质量在安装环境的安全承载范围内。显示屏包含 LED 屏体（模组或箱体）、屏体支撑结构、开关电源、电缆、风机、空调及配电柜等，显示屏质量=单个箱体/模组质量×箱体/模组数量+屏体支架/钢结构质量+线材质量+配电柜质量+其他设备（如风机、空调等）质量。在不同安装方式下，需要考虑相应的重力承载问题。

1. 吊装式

吊装式屏体结构指使用两根或多根钢缆/锁链，钢缆/锁链的一头悬挂屏体，另一头与建筑顶部结构连接，屏体底部与地面或楼面有一定距离，无其他支撑结构，形成吊装式安装。吊装式如图 2-1 所示。由于吊装式屏体整体质量由建筑顶部结构、钢缆承担，因此在具体施工前，需要准确地对屏体整体质量进行计算，与用户方对建筑顶部承载能力进行确认。如果屏体质量超出建筑承载范围，则需要更换悬挂位置或更换较轻质量的屏体。

2. 嵌入式

嵌入式屏体结构指屏体被镶嵌在建筑物中，如嵌入墙体、楼体等，在屏体安装位置搭建屏体支撑结构，LED 箱体/灯板、电缆、信号线、开关电源等固定在支撑结构的正反面。嵌入式如图 2-2 所示。在显示屏安装前需要特别注意墙体或楼体的承重能力，全屏的重心要与安装位置建筑墙体/楼体的重心重合，确保整个屏体在垂直方向和水平方向的质量分布均匀。

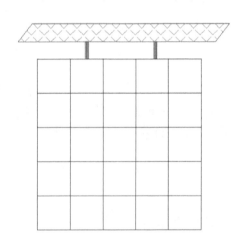

图 2-1　吊装式

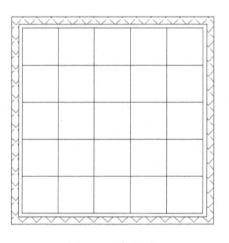

图 2-2　嵌入式

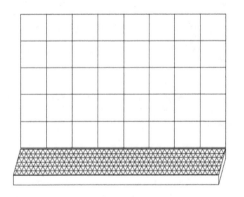

图 2-3　座装式

3. 座装式

座装式屏体结构指屏体安装在楼面、地面等，屏体质量直接作用于楼面、地面。相比嵌入式和吊装式屏体，座装式屏体安装灵活性更大，屏体质量可作用的空间和范围更广。座装式如图 2-3 所示。在显示屏安装前需要考虑屏体所处的安装位置的质量承载能力，屏体安装需保持水平重力分布均匀，根据屏体质量对支架进行固定和配重，防止屏体倾倒。

4. 立柱式

在实际项目实施时，部分项目因为空间限制或观看需求无法在地面或楼面安装显示屏，需要对显示屏采用立柱式安装，这样可以减小显示屏对地面或楼面的空间需求。立柱式安装的结构特点在于，显示屏及附属构件的质量集中通过立柱施压于地面或楼面，所以在显示屏安装前需要准确计算显示屏及附属构件的质量，并以此为依据确定立柱的设计和材料。显示屏的整体质量要在安装地面或楼面的承载能力范围内，全屏的重心要与立柱的重心重合。立柱式如图 2-4 所示。

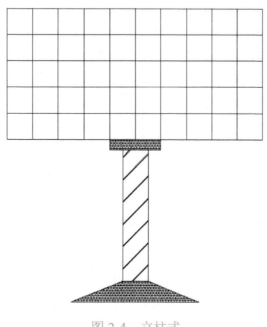

图 2-4　立柱式

2.1.3　室内 LED 显示屏屏体结构设计

室内 LED 显示屏结构主要有嵌入式、座装式、吊装式，根据拼接单元可以分为两类：一类由模组拼接构成屏体，另一类由箱体拼接构成屏体。不同安装方式及屏体构成有不同的屏体结构要求，屏体结构钢材选型及施工要符合国家标准《钢结构工程施工规范》（GB 50755—2012）中的相关规定。下面介绍不同方式的典型屏体结构。

1. 嵌入式

模组/箱体拼接构成的嵌入式屏体，屏体质量作用于墙体或墙面，屏体安装前需要根据现场实际选择受力对象和主受力点，确保屏体受力在荷载范围内。钢结构施工前需要对安装基座找平，根据模组/箱体的尺寸及屏体的大小建造合适的钢结构，钢结构的尺寸及间距要与使用的模组/箱体的尺寸相适应。行业内箱体和屏体的固定方式有所不同，对于模组方式，经常使用的是通过方管和磁铁对模组进行固定；对于箱体方式，则通过螺栓或焊接方式对箱体和钢结构进行固定。嵌入式屏体前视图如图 2-5 所示。

由模组和方管结构组成的屏体，其质量通过方管产生侧向拉力和重力，因此在安装时需要对方管进行加固处理，并计算屏体整体质量，根据质量选择合适强度的钢性材料，具体可参见《钢结构工程施工规范》（GB 50755—2012）中的执行标准；需要对屏体主承重方管和墙体进行连接，防止屏体侧向倾倒。嵌入式屏体典型结构侧视图如图 2-6 所示。

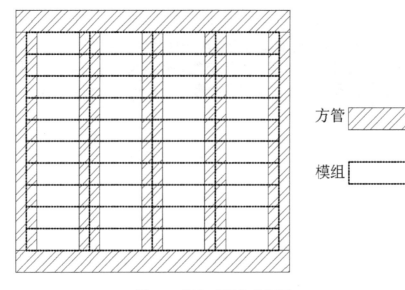

方管 [//////]

模组 [_____]

图 2-5　嵌入式屏体前视图

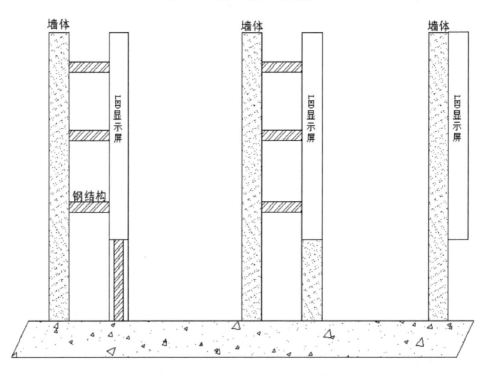

图 2-6　嵌入式屏体典型结构侧视图

　　由箱体搭建的屏体支撑结构与由模组搭建的屏体支撑结构相同，可参照以上内容进行屏体支撑结构设计及施工。

2. 座装式

　　座装式屏体质量多直接或间接作用于地面或建筑物楼面，屏体施工前需要根据屏体质量及楼面荷载要求，设计好屏体基座并找好水平。为了防止基座水平误差及形变问题，一般使用高强度方管或槽钢作为屏体基座，对基座整体找平后搭建箱体。除箱体间相互连接外，还需要将屏体和地面/墙体进行固定，对于无墙体可固定的屏体，则需要斜拉梁与地面连接或基座配重，防止屏体倾倒。座装式屏体典型结构侧视图如图 2-7 所示。

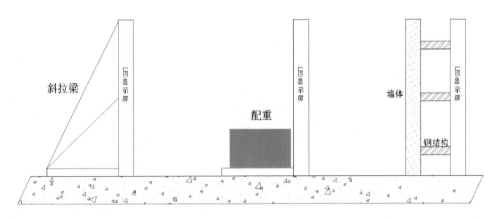

图 2-7　座装式屏体典型结构侧视图

3．吊装式

吊装式屏体多使用钢缆、锁链、高强度挂钩或钢材等连接屏体与负载点，通常悬挂在建筑物主承重梁上。由于吊装屏悬挂于高空，因此屏体安装对安全性要求高，屏体结构中的任何组件都需要可靠安装、无掉落风险。屏体质量在承重梁荷载范围内。各器件在常规安装后，还需要使用其他手段进行加固，如外接电缆、信号线、模组等，防止屏体在震动或维修时组件掉落导致安全事故发生。吊装屏典型结构前视图如图 2-8 所示。

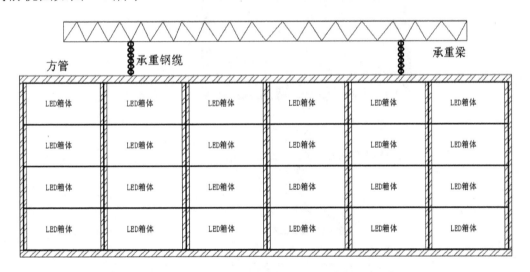

图 2-8　吊装屏典型结构前视图

2.2　户外 LED 显示屏结构设计

2.2.1　户外 LED 显示屏现场勘测

1．户外 LED 显示屏屏体安装形式

由于安装方式说法很难统一，故下文按照屏体结构受力点进行讲解。LED 显示屏实际是一个六面体，只有正面是显示屏，不能进行受力连接，其他五个面皆可

以进行受力连接。

① 背部：利用背部进行安装的常用方式为壁挂式安装，屏体固定于墙体上。

② 顶部：利用顶部进行安装的常用方式为悬挂式安装。

③ 两侧：利用两侧进行安装的方式常用于两个柱体之间的屏体安装。

④ 底部：利用底部进行安装的方式常用于独立的柱体支撑和基座安装。

⑤ 混合式：受力点不止一面，通常是两面以上协同受力，常用方式为嵌入式。

LED 显示屏不同的安装方式需要考虑的关键要素如下。

座式安装需考虑安装地点的风载、地基建设情况、防雷设计。座式安装结构效果如图 2-9 所示。

立柱式安装需考虑安装地点的风载、地基建设情况、屏幕朝向、亮度自动调节功能。

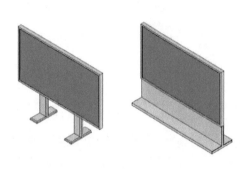

图 2-9　座式安装结构效果

立柱式安装结构效果如图 2-10 所示。

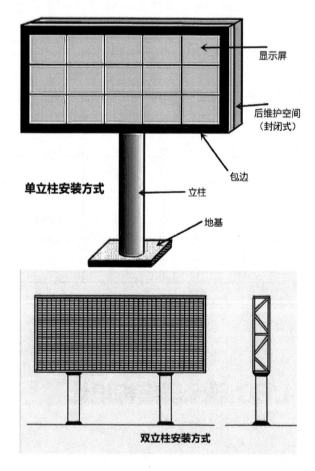

图 2-10　立柱式安装结构效果

壁挂式安装需考虑预埋点的设计、建筑结构承重情况、空调外机位置、隔音情况、包边设计、控制室和综合布线设计。壁挂式安装结构效果如图 2-11 所示。

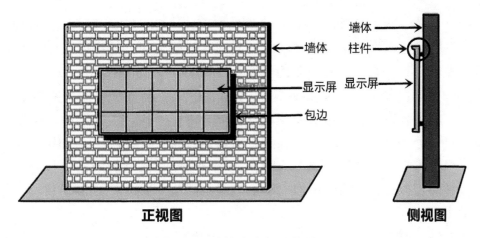

图 2-11　壁挂式安装结构效果

　　悬挂式安装需考虑屏幕整体荷载、吊点数量及受力情况、是否有升降开合机构、通风、散热设计、线缆伸缩设计。悬挂式安装结构效果如图 2-12 所示。

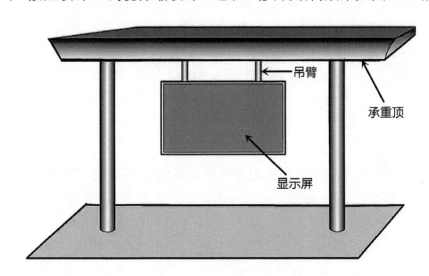

图 2-12　悬挂式安装结构效果

2. 户外 LED 显示屏安装相关工程

　　LED 显示屏工程是集电子、光学、通信、计算机、网络、结构、土建、装饰等学科为一体的综合性工程。从设备的角度来讲属于机电安装工程，即 LED 发光设备的安装。其他相关工程都是为显示屏创造一个安装的基础，同时和周围环境加以协调，主要为土建基础工程（含防雷接地）、钢结构框架工程、外装饰工程、强弱电布线及附属设备安装工程。

　　1）土建基础工程（含防雷接地）

　　LED 显示屏土建基础工程是显示屏安装的基本工程，主要在户外显示屏工程中作为屏体承载的基座使用，其功能主要有两个方面：一是将屏体重力均匀承载于地基上，防止屏体沉降；二是平衡屏体所受风载，防止屏体倾覆。

　　土建基础主要由地基、承台、钢筋混凝土基础、预埋件、回填土构成。钢筋混凝土由钢筋龙骨、混凝土构成；混凝土由水泥、沙子、碎石子、水按照一定比例均匀混合而成，又称为砼。钢筋类似骨骼，而混凝土就像血肉，二者结合起来可以达

41

到很高的强度。作为显示屏所用的土建基础工程，一般工期为 7～45 天。预埋件是将预先制作的钢结构件在混凝土灌注时一起埋入混凝土中，这样可以为以后的外部构件安装提供坚固的基础，常用的预埋件有预制螺杆、预制钢板等。

户外土建基础工程中一般需要附加防雷接地，基本的做法是在地基工程进行时，先用一定规格的扁钢焊接成网格状接地网，将接地网埋入地基中，并且将地基土壤做一定的处理，使其电阻下降到防雷接地的要求；然后将混凝土中的钢筋与接地网进行多点焊接，并且将扁钢多点引出地面，以便和以后的结构进行连接，使整个构件具备防雷接地的功能。接地电阻的测量一般采用接地电阻测量仪，阻值一般要求小于 10Ω。

2）钢结构框架工程

LED 显示屏钢结构框架工程是显示屏安装的基本工程，显示屏部件通过钢结构框架将屏体牢固地拼接为一个整体，并且将屏体和建筑主体连接在一起，承载屏体的质量和所受的其他外力，同时是其他设备、外装饰的安装基础。

钢结构框架主要由钢柱支撑、底座（主要用于落地安装）、屏体主框架、连接紧固件构成。钢柱支撑主要用于立柱式安装，底部和土建基础通过预埋件连接，起到承托屏体的作用，采用规定厚度的钢板弯卷焊接而成。屏体主框架主要采用焊接的方式制作而成，也可采用预制件螺栓连接，主要由屏体固定结构、装饰包边结构、后部维修结构（针对大的屏体）构成。

3）外装饰工程

LED 显示屏外装饰工程利用结构连接件或者黏结剂将装饰材料固定到钢结构框架的外部，使其形成一个美观大方的外形，并且达到防水（针对户外）等防护目的。常用的装饰材料如下。

（1）不锈钢。一般装饰使用的不锈钢主要有亚光拉丝不锈钢、镜面不锈钢，根据用户要求选用不锈钢种类。常用的不锈钢厚度有 0.8mm、1.0mm、1.2mm、1.5mm等，根据包边面积的大小选用不锈钢的厚度。

（2）铝（扣）板。铝板是先用铝合金板材通过机械方式压制成固定大小，再通过连接件固定到钢结构框架上的，有多种颜色可以选用。其缺点是成本较高，大小需预先做好，现场不易更改。

（3）铝塑板。铝塑板是一种十分常见的装饰材料，其结构是在塑料基板上覆盖一层薄铝层，露在外面的漆层面采用氟碳喷涂的方式进行保护。铝塑板的优点是颜色较多，耐候性好，质量小，易于现场制作。铝塑板常用的规格为户内板、户外板，厚度为 3mm（户内）、4mm（户外）。

（4）其他材料。常用的其他材料有玻璃胶、耐候密封胶、结构密封胶、铝方管、木龙骨、木夹板等，这些材料主要用于外装饰板的基板密封、防水。

4）强弱电布线及附属设备安装工程

（1）强电方面。

① 供电系统的制式。

LED 显示屏强电供电常用的供电系统有三相五线制（TN-S 系统）、三相四线制、单相三线制。

三相五线制是供电系统提供的三相（A/B/C）电压，一根零线（N），一根保护接地线（PE），其相电压为 380V，相零电压为 220V。LED 显示屏配电柜将三相电压分成三路相零电压供显示屏使用。

三相四线制中没有提供保护接地线，常用于没有金属外壳的设备，无须外壳保护接地。三相四线制常用于照明，不常用于显示屏供电。如果用于显示屏供电，需要加保护接地线。

单相三线制是三相五线制的简化版，供电系统提供单相电压，其他特性同三相五线制。单相三线制常用于供电功率较小的 LED 显示屏，一般为 6～8kW。

② 显示屏的最大功率计算方法。

目前，大多数显示屏都是由开关电源供电的，开关电源将交流 220V 转化为直流 5V 供给显示屏工作。所以，一块显示屏的总功率就是它所用到的开关电源的最大功率之和。每个开关电源都有与其相对应的参数，根据功率计算公式：电流（A）×电压（V）=功率（W），就能计算出一个开关电源的最大功率了。

（2）弱电方面。

① 通信线缆的介绍。

LED 显示屏工程上常用的弱电线缆包括 4 对超五类双绞线（网络线）、屏蔽软电线、光纤、同轴电缆等。

4 对超五类双绞线因常被用在局域网布线中，又被称为 8 芯网络线，由 8 根不同颜色的线分成 4 对绞合在一起，成对扭绞的作用是尽可能减少电磁辐射与外部电磁干扰。在显示屏工程中用于显示屏信号近距离通信（不大于 100m），还用于显示屏其他控制信号的传递。一般长度规格为每箱 305m。

屏蔽软电线类似普通的电线，线径规格也与其相同，主要是在护套层和内部线缆之间有一层金属网状屏蔽层，特点是线缆的编织密度更高，线更柔软，易于敷设，防信号干扰。

同轴电缆以硬铜线为芯，外包一层绝缘材料。这层绝缘材料用密织的网状导体环绕，网状导体外覆盖一层保护性材料。有两种广泛使用的同轴电缆：一种是 50Ω 电缆，用于数字传输，由于多用于基带传输，因此又被称为基带同轴电缆，常用于网络联接；另一种是 75Ω 电缆，用于模拟传输，常用于有线电视射频信号、普通视频信号的传输。

光纤和同轴电缆相似，只是没有网状屏蔽层，中心是光传播的玻璃芯。多模光纤的纤芯直径为 50～62.5μm，与人的头发直径相当。单模光纤的纤芯直径为 8～10μm。玻璃芯外面包围着一层玻璃封套，玻璃封套的折射率比玻璃芯的折射率低。玻璃封套外面是一层薄的塑料外套，用来保护玻璃封套。光纤通常被扎成束，外面有外壳保护。纤芯通常是由石英玻璃制成的横截面积很小的双层同心圆柱体，它质地脆，易断裂，因此需要外加一个保护层。单模光纤的纤芯直径很小，在给定的工作波长上只能以单一模式传输，传输频带宽，传输容量大，一般传输距离在 2km 以上。多模光纤是在给定的工作波长上能以多个模式同时传输的光纤。与单模光纤相比，多模光纤的传输性能较差，一般传输距离约 500m，最长不超过 2km。根据工作环境不同，光纤分为户外光纤和户内光纤，长度可以按实际需要截取。

② 强弱电线缆布线。

强弱电线缆布线方式在 LED 显示屏工程中主要有两种：暗埋敷设和明线敷设。暗埋敷设是指将线缆埋入地下一定深度，表面覆盖土壤和混凝土等。这种方法通常是将 PVC 管材或者镀锌钢管埋入地下，并将线缆放置其中，在一定间距内设置线井、检修盒以备穿线、检修之用，常用于户外线缆敷设。

明线敷设是指将线缆置于明装的线槽、线管、桥架、线井之中，管线暴露于环境之中，常用于建筑物中的线缆敷设。

常用的线缆布线的承托物有 PVC 线管、镀锌钢管、金属线槽、金属桥架，这些都是标准化产品。管径和线缆配比是由布线规范决定的。

3. 户外 LED 显示屏需要注意的环境因素

LED 显示屏使用环境要求：防水、防潮、防震、防撞、防电磁干扰、防低温等。

① 外部环境因素：高温高湿地区、紫外线照射地区、极寒地区、沿海地区、地震频发区域、雷电多发区域。

② 内部环境因素：各种体育场馆（篮球馆、排球馆、足球馆、游泳馆、冰球馆）、电磁辐射敏感地区、噪声敏感区域。

③ 建设环境因素：机场、高速公路、摩天大厦、移动车载屏等。

4. 户外 LED 显示屏现场勘测注意事项

1）确定屏体和控制室的位置

勘察现场首先确定显示屏的安装位置，其要点是在现场确定安装在某个墙面上、梁下、柱体之间等，反映在图纸上就是在平面图中确定屏体左右的柱梁标号，在立面图中确定屏体的底部标高。确定控制室的位置就是确定控制室在什么地方，距离屏体有多远。

2）确定现场屏体的受力点

通过现场观察、询问甲方相关人员、查阅建筑土建相关图纸，确定屏体的承载受力点（面）。

3）确定屏体至控制室的路由线路

通过现场观察、查阅建筑强弱电管线相关图纸，确定强弱电线缆的走向、长度，以及是否需要布放线槽或者线管。

4）确定配套设备的安装位置

确定配电柜、机柜、音响、主控制台的安装位置。

▶ 2.2.2 户外 LED 显示屏承重结构荷载计算

1. 户外 LED 显示屏箱体的计算方式

1）给出 LED 显示屏的具体数据（长、宽）

实例 2-1　制作的 P6 户外全彩 LED 显示屏的外形尺寸为长 10m、宽 6m，P6 的单元箱体规格（箱体长、宽）为 960mm×960mm，箱体分辨率为 160 像素×160 像素。计算 LED 显示屏的长和宽用的箱数。

LED 显示屏的长和宽用的箱数按式（2-1）计算：

$$L_x B_x = L_1 B_1 \div L_2 B_2 \tag{2-1}$$

式中，L_x 为屏长用的箱数；B_x 为屏宽用的箱数；L_1 为 LED 显示屏屏长；B_1 为 LED 显示屏屏宽；L_2 为单元箱的长；B_2 为单元箱的宽。

$$L_x = 10\text{m} \times 1000 \div 960\text{mm} \approx 10.4167 \approx 10$$

$$B_x = 6\text{m} \times 1000 \div 960\text{mm} = 6.25 \approx 6$$

那么整个显示屏一共 60 个箱体。

2）只给出 LED 显示屏的面积，没有长、宽

实例 2-2　制作的 P6 户外全彩 LED 显示屏的面积为 50m²，计算 LED 显示屏的理论长和宽。

若只给出了 LED 显示屏的面积，长、宽需要计算，则可以按长∶宽比为 4∶3 或 16∶9 的比例计算，这样 LED 显示屏的画面显示效果较好。以 4∶3 为例计算 LED 显示屏的理论长和宽，即

$$L_L = \sqrt{\frac{S}{12}} \times 4 \approx 8.16\text{m}$$

$$B_L = \sqrt{\frac{S}{12}} \times 3 \approx 6.12\text{m}$$

长和宽计算出来后，其他的计算可按实例 2-1 的计算方法进行。

2. 钢结构强度计算

钢结构轴心受力构件强度计算公式：

$$\sigma = \frac{N}{A_n} \leqslant f \tag{2-2}$$

式中，N 为轴心拉力或压力（N）；A_n 为净截面面积（mm²）；f 为钢材的抗拉、抗压和抗弯强度设计值（MPa）。

钢材的强度设计值如表 2-1 所示，可根据公式参考使用。

表 2-1　钢材的强度设计值

钢材		抗拉、抗压和抗弯强度设计值/MPa	抗剪/MPa	端面承压（刨平顶紧）/MPa
牌号	厚度或直径/mm			
Q235 钢	≤16	215	125	325
	17～39	205	120	
	40～59	200	115	
	60～100	190	110	

续表

钢材		抗拉、抗压和抗弯强度 设计值/MPa	抗剪/ MPa	端面承压（刨平顶紧）/MPa
牌号	厚度或直径/mm			
Q345 钢	≤16	310	180	400
	17～34	295	170	
	35～59	265	155	
	60～100	250	145	
Q390 钢	≤16	350	205	415
	17～34	335	190	
	35～49	315	180	
	50～100	295	170	
Q420 钢	≤16	380	220	440
	17～34	360	210	
	35～49	340	195	
	50～100	325	185	

注：表中厚度指计算点的钢材厚度（对轴心受力构件来说指的是截面中较厚板件的厚度）。

3. 民用建筑的荷载标准

民用建筑结构上的荷载可分为下列 3 类。

① 永久荷载（恒荷载）：在结构使用期间，其值不随时间变化，或其变化与平均值相比可以忽略不计的荷载，如结构自重、土压力等。自重是指材料自身质量产生的荷载（重力）。

② 可变荷载（活荷载）：在结构使用期间，其值随时间变化，且其变化与平均值相比不可忽略不计的荷载，如楼面活荷载、屋面活荷载、积灰荷载、吊车荷载、风荷载、雪荷载等。

③ 偶然荷载：在结构使用期间不一定出现，而一旦出现，其值很大且持续时间较短的荷载，如爆炸力、撞击力等。

建筑结构设计时，对不同荷载应采用不同的代表值。对永久荷载，应采用标准值作为代表值；对可变荷载，应根据设计要求采用标准值、组合值或准永久值作为代表值；对偶然荷载，应根据相关资料，结合工程经验确定其代表值。

对于承载能力极限状态，荷载效应采用设计表达式，即

$$\gamma_0 S \leqslant R \qquad\qquad (2\text{-}3)$$

式中，γ_0 为结构重要性系数，对安全等级为一级、二级和三级的结构构件，可分别取 1.1、1.0 和 0.9，结构构件的安全等级应按有关建筑结构设计规范的规定确定；S 为荷载效应组合的设计值；R 为结构构件抗力的设计值，应按有关建筑结构设计规范的规定确定。

民用建筑楼面均布活荷载标准值及其准永久值系数如表 2-2 所示。

表 2-2 民用建筑楼面均布活荷载标准值及其准永久值系数

项次	类别			标准值 (kN / m²)	准永久值系数 φ_q
1	（1）住宅、宿舍、旅馆、办公楼、医院病房、托儿所、幼儿园			2.0	0.4
	（2）试验室、阅览室、会议室、医院门诊室			2.0	0.5
2	教室、食堂、餐厅、一般资料档案室			2.5	0.5
3	（1）礼堂、剧场、影院、有固定座位的看台			3.0	0.3
	（2）公共洗衣房			3.0	0.5
4	（1）商店、展览厅、车站、港口、机场大厅及其旅客等候室			3.5	0.5
	（2）无固定座位的看台			3.5	0.3
5	（1）健身房、演出舞台			4.0	0.5
	（2）运动场、舞厅			4.0	0.3
6	（1）书库、档案库、贮藏室			5.0	0.8
	（2）密集柜书库			12.0	0.8
7	通风机房、电梯机房			7.0	0.8
8	汽车通道及客车停车库	（1）单向板楼盖（板跨不小于 2m）和双向板楼盖（板跨不小于 3m×3m）	客车	4.0	0.6
			消防车	35.0	0.0
		（2）双向板楼盖（板跨不小于 6m×6m）和无梁楼盖（柱网不小于 6m×6m）	客车	2.5	0.6
			消防车	20.0	0.0
9	厨房	（1）餐厅		4.0	0.7
		（2）其他		2.0	0.5
10	浴室、卫生间、盥洗室			2.5	0.5
11	走廊、门厅	（1）宿舍、旅馆、医院病房、托儿所、幼儿园、住宅		2.0	0.4
		（2）办公楼、餐厅、医院门诊部		2.5	0.5
		（3）教学楼及其他可能出现人员密集的情况		3.5	0.3
12	楼梯	（1）多层住宅		2.0	0.4
		（2）其他		3.5	0.3
13	阳台	（1）可能出现人员密集的情况		3.5	0.5
		（2）其他		2.5	0.5

注：1. 本表所给各项活荷载适用于一般使用条件，当使用荷载较大、情况特殊或有专门要求时，应按实际情况采用。

2. 第 6 项书库活荷载当书架高度大于 2m 时，书库活荷载尚应按每米书架高度不小于 2.5kN/m² 时确定。

3. 第 8 项中的客车活荷载仅适用于停放载人少于 9 人的客车；消防车活荷载适用于满载总量为 300kN 的大型车辆；当不符合本表的要求时，应将车轮的局部荷载按结构效应的等效原则，换算为等效均布荷载。

4. 第 8 项消防车活荷载，当双向板楼盖饭跨介于 3m×3m～6m×6m 之间时，应按跨度线性插值确定。

5. 第 12 项楼梯活荷载，对预制楼梯踏步平板，尚应按 1.5kN 集中荷载验算。

6. 本表各项荷载不包括隔墙自重和二次装修荷载；对固定隔墙的自重应按永久荷载考虑，当隔墙位置可灵活自由布置时，非固定隔墙的自重应取不小于 1/3 的每延米长墙重（kN/m）作为楼面活荷载的附加值（kN/m²）计入，且附加值不应小于 1.0 kN/m²。

一般的标准箱体的质量是按 70kg/m² 来计算的，1kg 的物体重力约为 9.8N，因此标准箱体每平方米的重力约为 686N。

需要注意的是，就显示屏行业而言，钢结构只充当一个媒介，用户通过显示屏供应商的图纸明白箱体是怎么安装的。真正的钢结构要计算风荷载、地震荷载等一系列荷载，要求对当地的地质、天文气象有充分的了解。上面的计算只是简单的计算，在实际设计 LED 显示屏钢结构时一定要经设计院结构师计算认可后方可施工。

钢结构设计标准参考文献如下：

- 《建筑结构荷载规范》（GB 50009—2012）
- 《钢结构设计标准》（GB 50017—2017）
- 《建筑抗震设计规范》（GB 50011—2010）
- 《冷弯薄壁型钢结构技术规范》（GB 50018—2002）
- 《钢结构焊接规范》（GB 50661—2011）
- 《碳素结构钢》（GB/T 700—2006）
- 《优质碳素结构钢》（GB/T 699—2015）
- 《钢结构工程施工质量验收标准》（GB 50205—2020）
- 《涂装前钢材表面锈蚀等级和除锈等级》（GB 8923—88）
- 《非合金钢及细晶粒钢焊条》（GB/T 5117—2012）
- 《低合金高强度结构钢》（GB/T 1591—2018）
- 《热强钢焊条》（GB/T 5118—2012）
- 《结构用无缝钢管》（GB/T 8162—2018）
- 《焊缝无损检测 超声检测 技术、检测等级和评定》（GB/T 11345—2013）
- 《钢结构防火涂料应用技术规程》（T/CECS 24—2020）
- 《钢结构防火涂料》（GB 14907—2018）

▶▶ 2.2.3 户外 LED 显示屏屏体结构设计

1. 户外 LED 显示屏屏体结构设计要点

① 易安装维护：结构的设计需要考虑安装和维护的方便性，如维修通道、过线通道等。

② 可靠性：结构以稳固为前提，结合现场实际情况，平衡各受力支点，结构承受力应大于显示屏屏体本身质量的 20%。

③ 完整性：显示屏结构除屏体本身外，还包括其他附属设备，如音响、排气扇、空调等。这些附属设备的安放位置、外结构的包边区域、户外避雷设施的设置等，在保证质量和实用的前提下，也要使显示屏的外形美观舒适。

④ 平整度：结构表面的平整度直接影响显示屏安装后屏体表面的平整，对显示屏的显示效果有重要影响。保证平整度需要将结构表面框架和显示屏的安装箱体完整地结合，在焊接时要保证焊接的平整度。

2. 户外 LED 显示屏设计及安装应考虑的因素

① 显示屏安装在户外，经常日晒雨淋、风吹尘盖，工作环境恶劣。电子设备被淋湿或严重受潮会引起短路甚至火灾，造成损失。

② 显示屏可能受到雷电引起的强电强磁袭击。

③ 环境温度变化极大。显示屏工作时产生一定的热量，如果环境温度过高却散热不良，集成电路可能工作不正常，甚至被烧毁，从而导致显示系统无法正常工作。

④ 显示屏受众面广，视距要求远，视野要求广，环境光变化大，特别是可能受到阳光直射。

针对以上特殊要求，户外 LED 显示屏的设计与安装必须注意以下几个方面：

① 屏体与建筑的结合部位必须严格防水防漏。屏体要有良好的排水措施，一旦积水，能顺利排放。

② 在显示屏及建筑物上安装避雷装置。显示屏的主体和外壳保持良好接地，接地电阻小于 3Ω，能使雷电引起的大电流及时泄放。

③ 安装通风设备降温，使屏体内部温度在-10～40℃之间。屏体背后上方安装轴流风机，排出热量。

④ 选用工作温度在-40～80℃之间的工业级集成电路芯片，防止冬季温度过低使显示屏不能启动。

⑤ 为了保证在光强烈的环境中远距离可视，必须选用超高亮度 LED。

⑥ 显示介质选用新型广视角管，其视角宽阔、色彩纯正、一致协调，寿命超过 10 万小时。

3. 户外 LED 显示屏支撑结构类型

1）落地式支撑结构

落地式 LED 显示屏多设置于城市广场或重要交通交叉处。分析落地式 LED 显示屏支撑结构受力特性可知，支撑结构宜采用空间钢桁架结构，在此基础上设置 4 根钢柱组合形成空间格钢柱。屏体上半部分采用多层水平空间钢桁架结构，既可满足结构受力要求，又可满足检修通道的设置。

落地式支撑结构的效果及落地式支撑结构 LED 显示屏实拍分别如图 2-13 和图 2-14 所示。

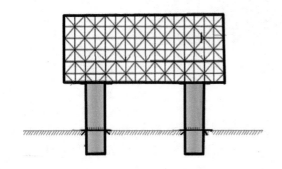

图 2-13　落地式支撑结构的效果　　图 2-14　落地式支撑结构 LED 显示屏实拍

2）壁挂式支撑结构

城市建设密度较大，只有很少区域能够满足落地式显示屏的建设条件，而 LED 显示屏具有播放动态画面广告等优点，城市商业繁华地段需建设大量的 LED 显示屏，解决该矛盾的方案就是建设附属于已有建筑物的 LED 显示屏。

根据建筑物的建设条件、改造条件及高度条件，通常将附属于已有建筑物的 LED 显示屏支撑结构分为壁挂式支撑结构和楼顶式支撑结构。

壁挂式支撑结构多采用单层钢结构固定于主体结构侧面，内部设置检修通道。

壁挂式支撑结构的效果和壁挂式支撑结构 LED 显示屏实拍分别如图 2-15 和图 2-16 所示。

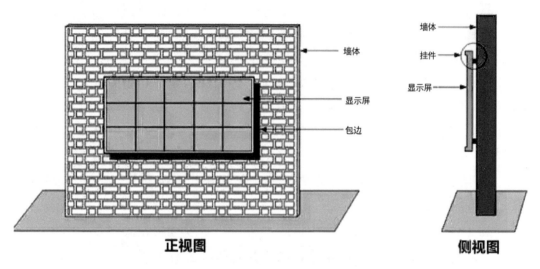

图 2-15　壁挂式支撑结构的效果

图 2-16　壁挂式支撑结构 LED 显示屏实拍

3）楼顶式支撑结构

在实际使用中，壁挂式 LED 显示屏由于占据较大的建筑物外立面，影响建筑物的采光，因此，壁挂式 LED 显示屏仅适用于大型商业建筑。建筑高度适中的办公建筑及民用住宅建筑设置的 LED 显示屏只能设计在建筑物顶部，此时显示屏支撑结构为楼顶式支撑结构。

楼顶式支撑结构的效果和楼顶式支撑结构 LED 显示屏实拍分别如图 2-17 和图 2-18 所示。

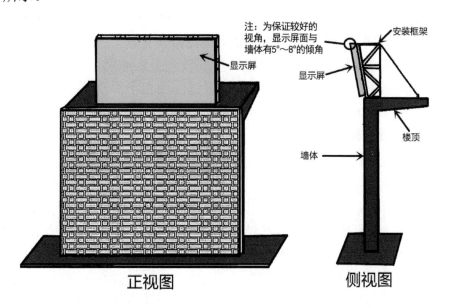

图 2-17 楼顶式支撑结构的效果

图 2-18 楼顶式支撑结构 LED 显示屏实拍

4. 户外 LED 显示屏结构选型

1）落地式支撑结构

落地式支撑结构通过与基础连接的柱体承担上部屏体结构的荷载，可按照悬臂梁结构进行分析计算。落地式支撑结构通常选用单柱或双柱加横梁式结构，其余类型可结合建筑造型选用合适的支撑结构体系。柱体可选用混凝土结构、钢管结构及格构钢柱；横梁可选用格构梁等钢结构类型。其基础选型应根据场地的地质条件确定，并进行抗压、抗拔、抗弯和抗倾覆计算。结合悬臂结构的受力特点，落地式支撑结构的关键构件为竖向柱体设计，选择安全合理、符合工艺要求的截面形式。

结合显示屏支撑结构建设周期等特点，选用圆形钢柱和格构钢柱截面进行分析，研究相同应力应变情况下钢材的用量。采用有限元分析软件建立模型，圆形钢柱采用 1000mm×15mm，格构钢柱的 4 根主支柱采用 300mm×300mm×10mm，水平横材采用 200mm×100mm×6mm，斜腹杆采用 100m×100mm×6mm，根据悬臂结构受力特点，将上部屏体承受荷载简化到柱体顶部，根据简化后的模型对两种柱体进行有限元分析。分析结果表明，对落地式支撑结构而言，圆柱式截面及格构式截面均为良好的截面形式。由于户外 LED 显示屏需维修电子显示元器件，因此需设置上人通道。采用格构钢柱可充分利用格构空间设置上人通道，不会像圆截面一样由于设置上人通道导致柱根部截面出现薄弱部位。当由于景观需求需要设置圆形截面时，应对上人通道进行局部加固处理。当两种截面类型均能满足使用及外观要求时，应优先采用格构钢柱。

2）壁挂式支撑结构

壁挂式支撑结构通过钢节点锚固于主体结构物侧部，通常可采用框架柱固定节点，当节点间距不能满足要求时，可采用框架梁作为辅助支点设计位置。横梁构件固定于支撑点上，形成水平向片状结构体系，该体系承担显示屏传来的风荷载并作为检修通道承担检修荷载，属于壁挂式支撑结构的主要受力体系。屏体龙骨均布置在水平片状结构体系上。通常该体系可采用水平放置的桁架，对于节点距离较小的体系，可直接采用型钢作为横梁，计算模型可采用连续梁方案，水平片状结构体系则是壁挂式支撑结构的关键构件。在支撑结构体系总质量相同的情况下，采用斜腹杆组合桁架结构比采用直腹杆组合桁架结构变形小。现场观测结果表明，水平片状结构体系采用的斜腹杆组合桁架结构可有效减小支撑结构变形，尤其当框架轴线间距较大，中间区域无法连续设置支点时，增加斜腹杆密度可有效减小支撑结构变形。

3）楼顶式支撑结构

楼顶式支撑结构需结合楼顶原有结构布置进行设计，充分利用原有主体结构体系承担荷载对优化楼顶式支撑结构体系非常重要。通常可结合建筑物造型采用平面桁架、空间桁架或网架结构等多种结构形式，结构方案灵活多变，采用有限元分析软件进行建模分析计算。针对楼顶轻钢的特点，注意自振周期的特殊性及鞭梢效应，宜对楼顶式支撑结构与大楼建立整体模型进行有限元分析，研究支撑结构的应力应变特性。

楼顶式支撑结构属于空间结构体系，与主体结构的连接方式有多种类型，需根据实际主体结构顶部的情况确定。不同的结构类型受力性能差别很大，只有采用有限元分析整体空间结构的受力状态才能得到符合实际的设计方案。综合考虑施工难度及维护方便等因素，楼顶式支撑结构宜选用空间桁架形式。

综上表明，落地式支撑体系悬臂柱宜采用圆形截面，壁挂式水平向支撑体系宜采用组合桁架，楼顶式支撑结构宜采用空间桁架。针对支撑结构关键节点进行优化设计，通过设置抗剪键或十字形加劲肋等构造措施优化节点应力状态，提高支撑结构的安全性能。

5. 户外 LED 显示屏散热系统设计

屏幕总热量构成如下：

屏幕平均耗电功率+环境热负荷

屏幕平均耗电功率=LED 显示屏整屏平均耗电功率；

环境热负荷=LED 显示屏显示面积×边框系数 1.3×建筑维护结构热负荷系数（180W/m² 屏幕显示面积）；

空调数量=屏幕总热量/单位空调制冷量（3 匹空调制冷量为 7 200W，5 匹空调制冷量为 12 000W）；

用以上方法计算出的空调数量偏多，可以使用简便算法：

① 用平均功率作为空调的制冷量来计算。

② 用立方米来计算。

LED 显示屏采用的空调多为带断电补偿功能的空调。

注意：空调的制冷量与制冷功率不同，制冷功率指空调的耗电量。

第 3 章

LED 显示屏/箱体配置

通过前两章的内容了解了 LED 显示屏的周边设备及 LED 显示屏的结构设计，本章主要讲解 LED 显示屏的原理及如何点亮 LED 显示屏。

3.1　扫描灯板的电路原理

随着 LED 显示屏行业的发展，LED 显示屏出现了动态扫描和静态扫描两种常见的扫描方式。

1．动态扫描

动态扫描从驱动芯片的输出到像素点之间实行"点对列"的控制，动态扫描需要控制电路，成本比静态扫描成本低，但是显示效果较差，亮度损失较大。

2．静态扫描

静态扫描从驱动芯片的输出到像素点之间实行"点对点"的控制，静态扫描不需要控制电路，成本比动态扫描成本高，但是具有显示效果好、稳定性高、亮度损失较小等优点。

对比了两种扫描方式的优、劣势，下面对扫描屏的工作原理做简单介绍。以 1/8 扫描 16×8 点阵屏为例，其原理是在 1 帧图像内每行电源 Vled lin1～Vled lin8 按控制要求各开启 1/8 的时间，每行依次被点亮，从而显示全部内容。LED 模组原理示意图如图 3-1 所示。

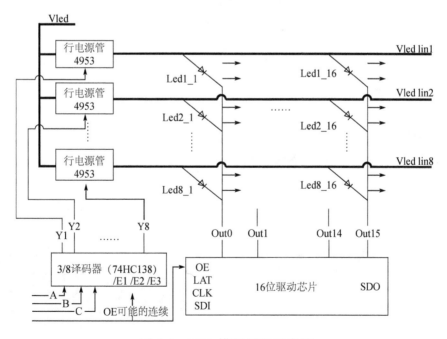

图 3-1　LED 模组原理示意图

从图 3-1 中可以看出，扫描屏主要分为行控制区域和列控制区域两部分。

其中，3/8 译码器（74HC138）和行电源管 4953 主要起行控制作用，通过 74HC138 的 A、B、C 输入分别控制自身的输出，保证每次输出只有一个通道可以工作，确定在行方向上，1/8 的时间内只有一行有效。在 LED 显示屏行业中，行驱动芯片除了 74HC138，还有 74HC595、ICN2013、ICN2018、5958、SM5266S、SM5366 等。

列控制区域主要由 16 位驱动芯片控制。驱动芯片主要分为通用芯片、双锁存芯片、PWM 芯片三大类。各类驱动芯片常见代表芯片如表 3-1 所示。

表 3-1　各类驱动芯片常见代表芯片

驱动芯片类型	代表芯片
通用芯片	MBI5020、MBI5024、SUM2016、SUM2017 等
双锁存芯片	MBI5124、ICN2038S、MY9868 等
PWM 芯片	MBI515X 系列、ICN2053、SUM2033 等

3.2　常规箱体配置文件制作

配置文件主要通过控制软件生成，控制软件将其下发到接收卡，并告知接收卡应该怎样控制 LED 灯板及实际的图像和 LED 之间的映射关系。不同的控制系统厂商所用的配置文件格式不同，但是制作方法和原理基本一致。例如，诺瓦星云的配置文件为.rcfgx 文件。

以下以诺瓦星云的控制软件 NovaLCT 制作配置文件的过程为例，制作一个常规箱体的配置文件，该过程主要分为以下两个步骤。

① 通过控制软件点亮单个 LED 模组。

② 通过控制软件配置整个接收卡带载的箱体。

3.2.1　点亮单个 LED 模组——智能设置

1. 准备工作

1）搭建环境

根据控制系统的最小单元搭建操作环境。控制系统连接如图 3-2 所示。

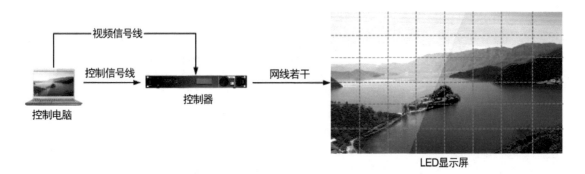

视频信号线

控制信号线

网线若干

控制电脑　　控制器　　　　　　LED显示屏

图 3-2　控制系统连接

2）确定 LED 模组信息

确定 LED 模组的分辨率、驱动芯片、译码芯片、箱体内部的连接方式等信息。

LED 模组的构造如图 3-3 所示。

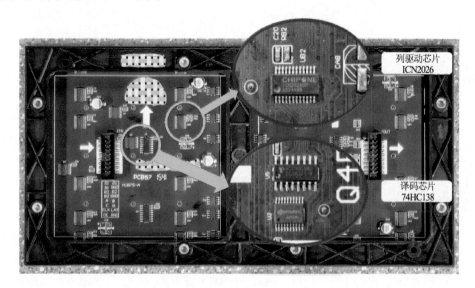

图 3-3　LED 模组的构造

3）下载对应的控制软件

准备相应的控制软件并安装到控制电脑端。以诺瓦星云的控制软件 NovaLCT 为例，可以登录诺瓦星云官网进行软件下载，NovaLCT 软件下载界面如图 3-4 所示。

图 3-4　NovaLCT 软件下载界面

2. 电脑显示设置

LED 显示屏的画面由电脑显卡直接输出，因此在进行显示屏的配置前，需要对显卡进行正确的设置，其中包含显卡的复制设置和显卡的缩放设置。

1）显卡的复制设置

电脑显卡输出分为复制输出和扩展输出，用户可以根据不同的需求切换复制/扩展模式。

复制模式：当电脑外接多台显示器时，连接的每台显示器会重复显示当前电脑画面。

图 3-5　"显示设置"命令

扩展模式：外接的显示器会显示电脑的延伸画面，可理解为当前电脑显示的画面和外接显示器组成了一个更大的延展桌面。

LED 显示屏基础调试时，通常将显卡设置为复制输出，保证屏体显示与电脑桌面一致，因为复制模式下的桌面图标可帮助判断 LED 显示屏画面的完整性，高效率完成基础配置。

常规操作步骤如下。

（1）右击桌面空白处，在弹出的快捷菜单中选择"显示设置"命令，如图 3-5 所示，弹出显示设置界面。

（2）在"多显示器设置"下拉列表中选择"复制这些显示器"或"扩展这些显示器"选项，如图 3-6 所示，即可实现复制输出或扩展输出。

图 3-6　显示设置界面

快捷方式的操作步骤如下。

（1）同时按下键盘上"Windows"和"P"两个按键。

（2）电脑桌面弹出显卡显示模式，显卡的复制设置如图 3-7 所示，选择"复制"

或"扩展"选项即可。

2）显卡的缩放设置

通常情况下，由于不同电脑屏幕尺寸和显卡显示性能的差异，显卡会提供不同种缩放比例以满足用户的需求。将缩放值设置为 100%，保证显卡输出分辨率与发送卡分辨率对应，呈点对点（视频源中一个像素点对应 LED 显示屏上一个像素点）的方式，此时 LED 显示屏显示效果可达到最佳。

图 3-7　显卡的复制设置

常规操作步骤如下。

（1）右击电脑桌面空白处，在弹出的快捷菜单中选择"显示设置"命令，弹出显示设置界面。

（2）在"更改文本、应用等项目的大小"下拉列表中选择"100%"选项，如图 3-8 所示，退出后，该选项生效。

图 3-8　"缩放与布局"设置

3．发送卡设置

软件配置部分以诺瓦星云的控制软件 NovaLCT 为例，其他厂商的配置软件流程及逻辑类似。

1）显示屏配置软件登录

打开 NovaLCT 软件，单击"登录"选项卡中的"同步高级登录"选项，如

图 3-9 所示，在弹出的"用户登录"对话框中输入登录密码"666"、"admin"或"123456"即可完成登录。

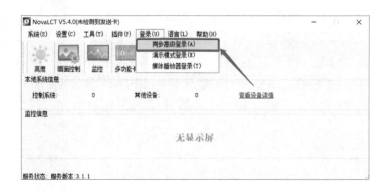

图 3-9　同步高级登录

2）输入源信息设置

这一步骤的目的是确认在发送卡上正确设置了点对点输出。发送卡设置界面如图 3-10 所示。

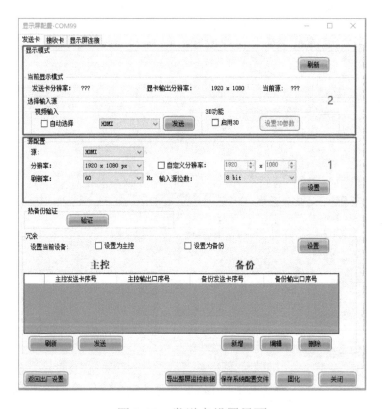

图 3-10　发送卡设置界面

首先，需要设置输入视频源的基本信息，包括源（HDMI、DP、DVI 等）、分辨率（标准或自定义）、刷新率（24Hz、30Hz、50Hz、60Hz 等）、输入源位数（8bit、10bit、12bit），选择基本信息后，单击"设置"按钮，即可完成视频源的设置，如图 3-10 中的流程 1 所示。

然后，单击发送卡设置界面流程 2 中的"刷新"按钮，当发送卡分辨率与显卡输出分辨率一致时，便可确认为点对点输出。

最后，单击"固化"按钮，这样，即使发送卡断电，设置好的参数也不会丢失。

4．软件操作——智能设置

（1）打开 NovaLCT 软件，单击"登录"选项卡中的"同步高级登录"选项，在弹出的用户登录对话框中输入密码"666"、"admin"或"123456"，如图 3-11 所示。

图 3-11 NovaLCT 软件登录界面

（2）单击"显示屏配置"按钮，在弹出的"显示屏配置"对话框中选择设备通信口，如图 3-12 所示。

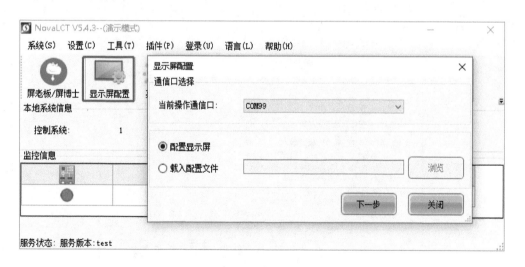

图 3-12 选择通信口

（3）进入接收卡配置界面，单击"智能设置"按钮，如图 3-13 所示。

如果发送卡分辨率与显卡输出分辨率不一致，则修改发送卡分辨率或者在电脑端修改显卡输出分辨率及显卡缩放比例，否则在智能设置过程中显示屏可能显示不正确，具体步骤见"电脑显示设置"和"发送卡设置"。

（4）单击"智能设置"按钮，弹出"智能设置选择"对话框，单击"选项 1：智能设置点亮灯板"单选按钮，单击"下一步"按钮，如图 3-14 所示，弹出"智能设置向导 1"对话框。

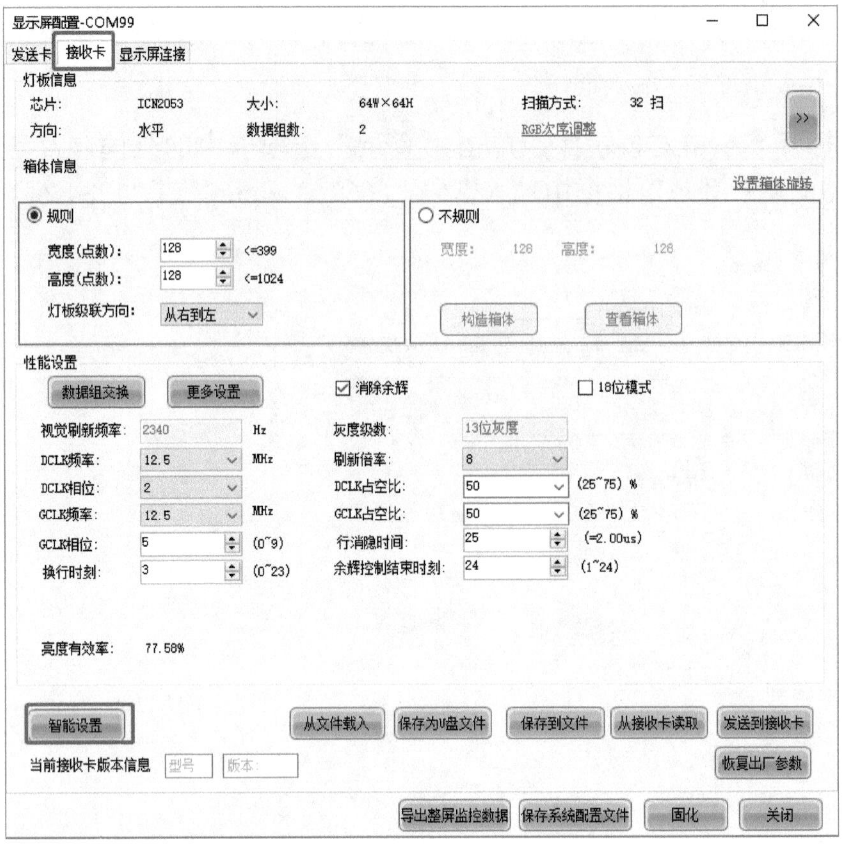

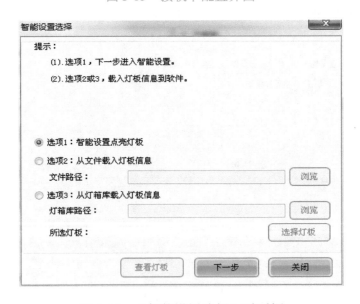

图 3-13　接收卡配置界面

图 3-14　"智能设置选择"对话框

（5）"智能设置向导 1"对话框如图 3-15 所示，根据灯板信息选择对应选项，单击"下一步"按钮，弹出"智能设置向导 2"对话框。

"智能设置向导 1"对话框中的内容根据当前连接的实际模组信息进行填写，如何确定模组信息参考"准备工作——确定模组信息"。

模块芯片：当前灯板所用的驱动芯片的类型。

数据类型：数据工作模式。

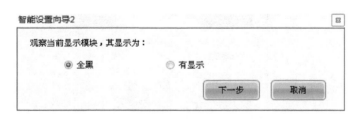

图 3-15　"智能设置向导 1"对话框

灯板类型：可选择常规灯板或异形灯板，若选择异形灯板，则需要指定一组数据一种颜色的驱动芯片的数量。在设计灯板时，灯板为矩形且驱动芯片的所有通道全部使用，没有未使用的通道，即可认为是常规灯板。在灯板设计时，灯板为非矩形或者驱动芯片存在未使用的通道，即可认为是异形灯板。

点数（虚拟屏按实点设置）：设置模块的行、列灯点数。

行译码方式：支持多种行译码方式，可根据灯板实际情况进行选择。

Hub 模式：选择接收卡 Hub 模式，分为"常规"、"20 组"、"24 组"和"28 组"。

余辉控制信号极性：设置余辉控制信号高电平有效或低电平有效。

（6）"智能设置向导 2"对话框如图 3-16 所示，根据当前显示屏的状态选择"全黑"或者"有显示"单选按钮，单击"下一步"按钮，弹出"智能设置向导 3"对话框。

图 3-16　"智能设置向导 2"对话框

全黑：表示当前灯板驱动芯片的 OE 极性为低电平有效。

有显示：表示当前灯板驱动芯片的 OE 极性为高电平有效。

（7）"智能设置向导 3"对话框如图 3-17 所示，根据灯板显示颜色的实际情况选择该对话框中的选项，单击"下一步"按钮，弹出"智能设置向导 4"对话框。

63

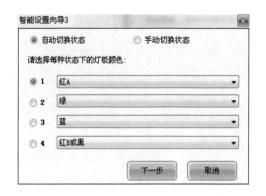

图 3-17　"智能设置向导 3" 对话框

　　该步骤的主要作用是将显卡输出的颜色和实际 LED 灯板显示的颜色进行匹配，保证电脑端播放红色时，LED 灯板也显示红色。该步骤主要根据灯板上的实际情况进行选择。

　　（8）"智能设置向导 4" 对话框如图 3-18 所示，根据 LED 灯板实际显示情况选择 "智能设置向导 4" 对话框中的选项，此时 LED 灯板亮的区域为一组数据带载区域，单击 "下一步" 按钮，弹出 "智能设置向导 5" 对话框。

图 3-18　"智能设置向导 4" 对话框

　　该步骤判断当前 LED 灯板的数据组数。

　　（9）"智能设置向导 5" 对话框如图 3-19 所示，根据 LED 灯板实际显示情况选择 "智能设置向导 5" 对话框中的选项，此时点亮的行数或列数为每组数据的第一组，单击 "下一步" 按钮，弹出 "智能设置向导 6" 对话框。

图 3-19　"智能设置向导 5" 对话框

　　该步骤判断当前 LED 灯板的扫描数。

　　（10）"智能设置向导 6" 对话框如图 3-20 所示，此时，箱体中第一个灯板中有单个 LED 在不停闪烁，观察 LED 灯板中哪一个位置有亮点，单击软件界面中相对应的点，每点完一个亮点，LED 灯板会继续点亮下一个点，继续单击下一个亮点，如此循环，直至点完所有亮点，灯板实际显示情况如图 3-21 所示。需要注意的是，并不是所有 LED 都是依次点亮的，有时会出现留空、折行等现象，这是由灯板本身电路设计决定的。

该步骤的主要作用是将显卡输出的像素和实际灯板上的像素进行匹配，保证电脑上的每个像素的位置和灯板上的像素位置一一对应，否则会出现图像错误或者显示错误问题。

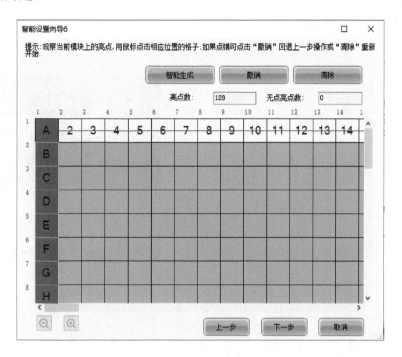

图 3-20　"智能设置向导 6" 对话框

图 3-21　灯板实际显示情况

按住鼠标左键同时拖动鼠标，或使用 Tab 键、Enter 键可快速绘制走线，相同规律的走线可单击"智能生成"按钮快速完成绘制。单击 🔍 或 🔍 可以等比例缩小或者放大灯板排布图。

① 按显示屏显示描完点后，系统提示操作完成，单击"确定"按钮；
② 单击"下一步"按钮，系统提示设置完成，单击"确定"按钮。

描点完成后，弹出"保存灯板信息"对话框，如图 3-22 所示，可以保存灯板信息，以便下次快速点亮相同规格 LED 灯板的显示屏。如果不需要保存，则直接单击"完成"按钮即可。

▶▶ 3.2.2　配置单个箱体

当完成 3.2.1 节中的步骤后，单个 LED 灯板的图像显示正常，如图 3-23 所示。接下来需要将箱体设置正常。

图 3-22　"保存灯板信息"对话框　　　图 3-23　单个 LED 灯板的图像显示正常

以图 3-24 中的箱体结构为例，箱体由 1 个模组宽，16 个模组高组成，接收卡为 MRV366。

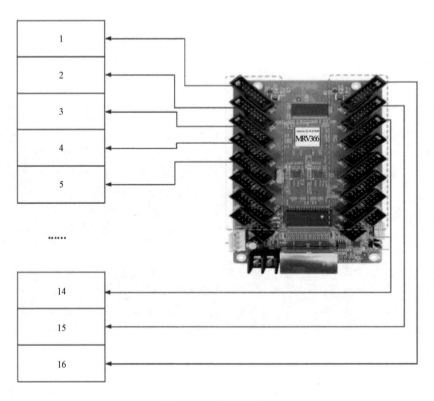

图 3-24　箱体结构

1. 软件操作

（1）在软件界面中填入实际的箱体分辨率及灯板级联方向，根据需求调节接收卡的参数，如视觉刷新频率、灰度级数等，接收卡参数设置界面如图 3-25 所示。

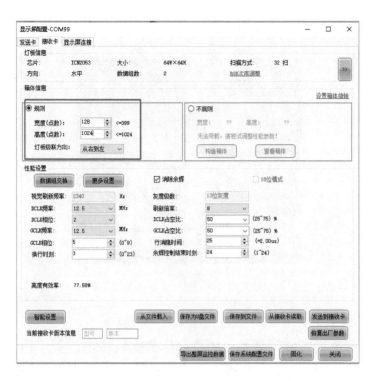

图 3-25 接收卡参数设置界面

（2）当参数设置完成后，发送到接收卡并固化，发送接收卡参数及固化如图 3-26 所示。

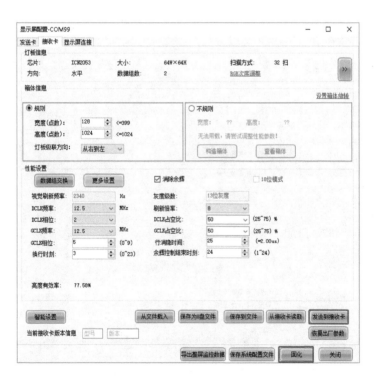

图 3-26 发送接收卡参数及固化

2. 扩展知识

当接收卡和模组之间的排线未按照顺序连接时，会出现画面错位问题，即单个灯板内显示正确，但灯板之间画面错位。LED 箱体显示图像错位如图 3-27 所示，此时需要使用数据组交换功能解决该问题。

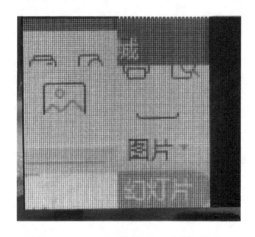

图 3-27　LED 箱体显示图像错位

软件操作步骤如下。

（1）在接收卡界面智能设置后，如果箱体数据组输出位置不对，需要选择数据组交换功能，如图 3-28 所示，单击"确定"按钮，即可进入"数据组交换（直观模式）"对话框。

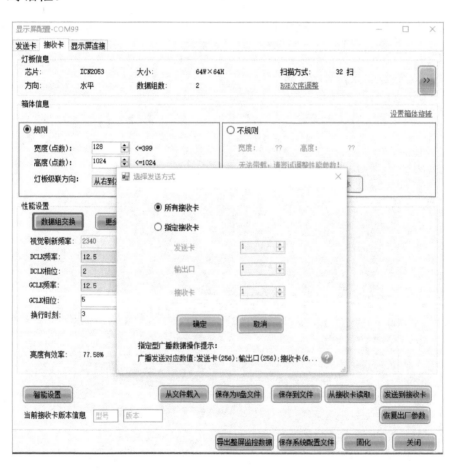

图 3-28　打开数据组交换

（2）进入"数据组交换（直观模式）"对话框后，勾选左下角"启用数据交换"复选框，如图 3-29 所示。

图 3-29　数据组交换

一般开启数据组交换后，LED 显示屏上会在每个数据组区域显示对应的数据组数，在"数据组交换（直观模式）"对话框中，根据位置依次填入屏体上显示的数字，直至显示屏画面完全拼接起来即完成配置。

（3）当参数设置完成后，发送到接收卡并固化，发送接收卡参数及固化如图 3-30 所示。

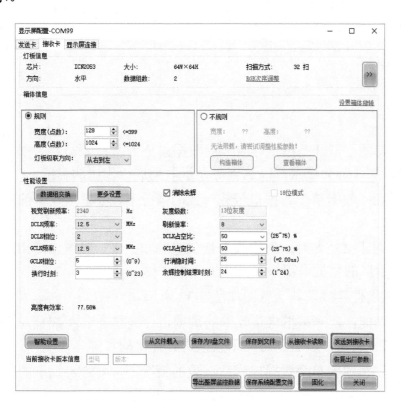

图 3-30　发送接收卡参数及固化

当箱体使用了对开、三开、四开功能时，需要进行特殊的设置。

① 对开功能：对开是指将接收卡的数据口分为左、右两部分，分别带载箱体的左、右两部分模组，以达到对显示效果进行优化的目的。

作用 1：在接收卡单个数据口带载一致的情况下，可将接收卡的带载宽度变为原来的 2 倍。

作用 2：对于某些芯片，当接收卡带载宽度和原来一致时，启用对开功能，可以将 LED 显示屏的视觉刷新频率变为原来的 2 倍。

对开功能硬件连接及其示意图如图 3-31 所示。

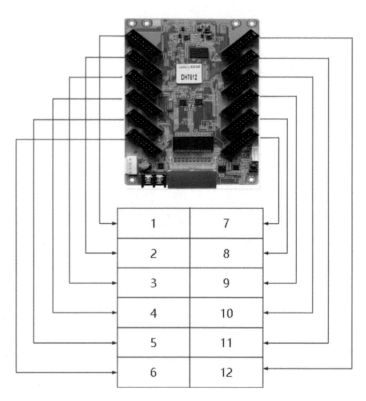

图 3-31　对开功能硬件连接及其示意图

② 三开功能：三开是指将接收卡的数据口分为左、中、右 3 部分，分别带载箱体左、中、右 3 部分模组，以达到对显示效果进行优化的目的。

作用 1：在接收卡单个数据口带载一致的情况下，可将接收卡的带载宽度变为原来的 3 倍。

作用 2：对于某些芯片，当接收卡带载宽度和原来一致时，启用三开功能，可以将 LED 显示屏的视觉刷新频率变为原来的 3 倍。

三开功能硬件连接及其示意图如图 3-32 所示。

③ 四开功能：四开是指将接收卡的数据口分为左、右 4 部分，分别带载箱体的左、右 4 部分模组，以达到对显示效果进行优化的目的。

作用 1：在接收卡单个数据口带载一致的情况下，可将接收卡的带载宽度变为原来的 4 倍。

作用 2：对于某些芯片，当接收卡带载宽度和原来一致时，启用四开功能，可以将 LED 显示屏的视觉刷新频率变为原来的 4 倍。

四开功能硬件连接及示意图如图 3-33 所示。

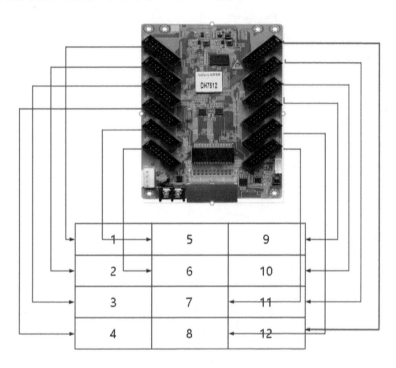

图 3-32　三开功能硬件连接及其示意图

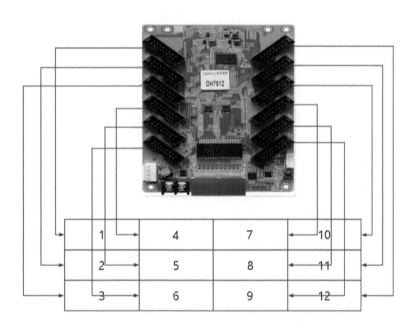

图 3-33　四开功能硬件连接及其示意图

软件操作步骤如下。

①　在软件的接收卡界面中单击"更多设置"按钮，弹出"对开/数据组扩展"对话框，在对话框中进行对开、三开、四开的设置，如图 3-34 所示。

②　当参数设置完成后，发送到接收卡并固化，接收卡参数发送及固化如图 3-35所示。

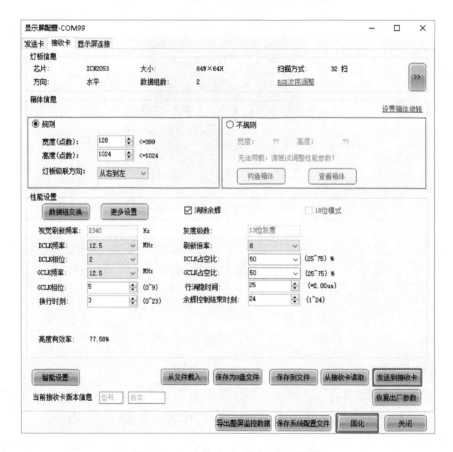

图 3-34 "对开/数据组扩展"对话框

图 3-35 接收卡参数发送及固化

3.3　异形箱体配置文件制作

3.3.1　异形箱体定义

异形箱体主要有以下 3 种类型。

（1）箱体形状为非矩形，如图 3-36 所示。

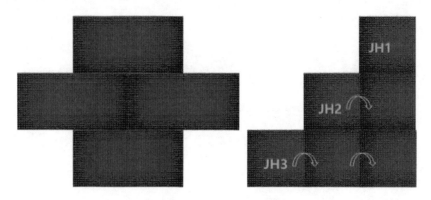

图 3-36　箱体形状为非矩形

（2）箱体形状为矩形但是内部存在留空，如图 3-37 所示。

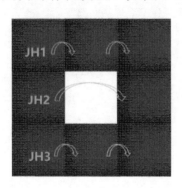

图 3-37　箱体形状为矩形但是内部存在留空

（3）HUB 口带载的模组数量或者模组级联方向不一致（单个接收卡内），模组数量不一致如图 3-38 所示，模组级联方向不一致如图 3-39 所示。

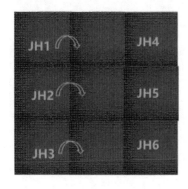　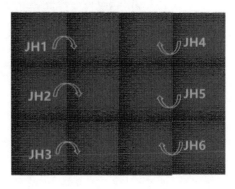

图 3-38　模组数量不一致　　　　图 3-39　模组级联方向不一致

3.3.2 软件操作

1. 保存灯板配置文件步骤

（1）接收卡界面灯板信息如图 3-40 所示。

图 3-40 接收卡界面灯板信息

（2）查看灯板信息如图 3-41 所示。

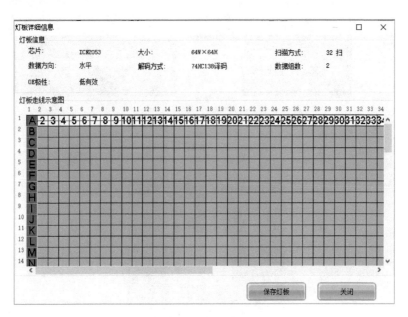

图 3-41 查看灯板信息

（3）保存灯板信息如图 3-42 所示。

图 3-42 保存灯板信息

（4）灯板信息保存路径如图 3-43 所示。

（5）灯板信息保存成功如图 3-44 所示。

图 3-43　灯板信息保存路径　　　　　　　图 3-44　灯板信息保存成功

2. 构造不规则箱体

（1）单击"接收卡"选项卡"箱体信息"栏右侧的"不规则"单选按钮，单击"构造箱体"按钮，如图 3-45 所示，弹出"构造异形箱体"对话框，如图 3-46 所示。

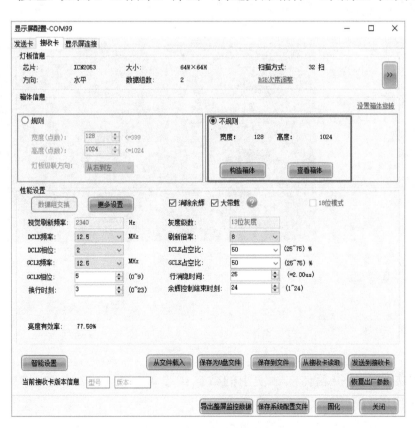

图 3-45　异形箱体构造

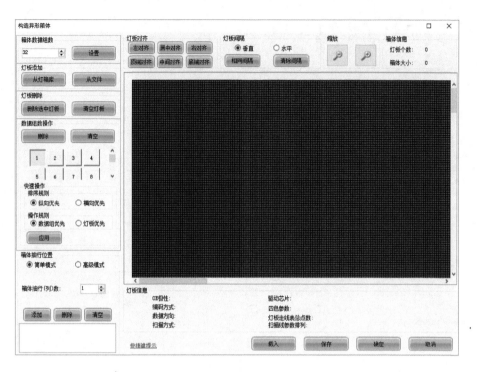

图 3-46 "构造异形箱体"对话框

（2）设置箱体数据组数，单击"从文件"按钮添加灯板，如图 3-47 所示，弹出"灯板信息窗口"对话框，如图 3-48 所示。

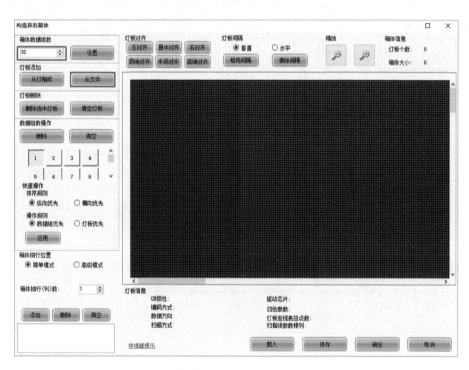

图 3-47 异形箱体构造设置

箱体数据组数根据箱体实际使用的数据组设置，图 3-47 中对应的数据组数就是接收卡输出的数据组数。

（3）在"灯板信息窗口"对话框中添加灯板信息，单击"确定"按钮，完成将灯板文件添加到箱体，如图 3-48 所示。

（4）选中所添加的灯板，灯板即变为黄色。按住鼠标左键可对灯板进行拖动，按下 Ctrl+C 组合键，可复制灯板，在箱体（绿色网格）空余处单击，按下 Ctrl+V 组合键，可粘贴灯板，如图 3-49 所示。

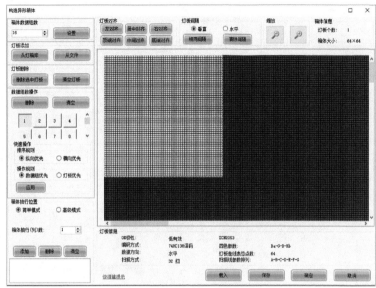

图 3-48　添加灯板信息　　　　　　　　　　　图 3-49　复制灯板

（5）根据实际的异形箱体构造，添加对应的灯板，并按照实际位置排列。依次选取数据组，单击数据组对应的位置，即可将数据组添加到对应的灯板位置（右击表示取消数据组），箱体构造拓扑如图 3-50 所示。

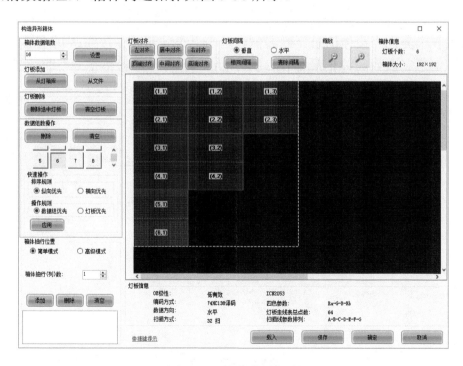

图 3-50　箱体构造拓扑

（1，1）（1，2）（1，3）（1，4）中第一个数字 1 代表第一组数据组，第二个数字 1、2、3、4 代表对应的灯板顺序。

完成设置后注意，界面显示的箱体大小应和实际箱体像素点数一致。

（6）单击"确定"按钮，将参数发送到接收卡并固化。接收卡参数发送及固化如图 3-51 所示。

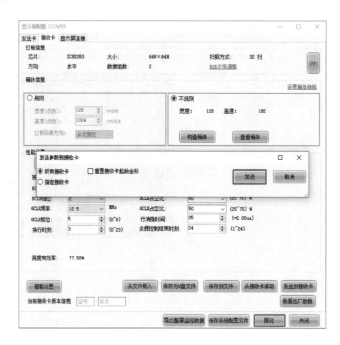

图 3-51　接收卡参数发送及固化

3.3.3　扩展知识

1．查看不规则箱体

在接收卡界面"箱体信息"栏右侧，单击"查看箱体"按钮即可查看已构造的异形箱体信息。查看箱体信息如图 3-52 所示，查看异形箱体信息如图 3-53 所示。

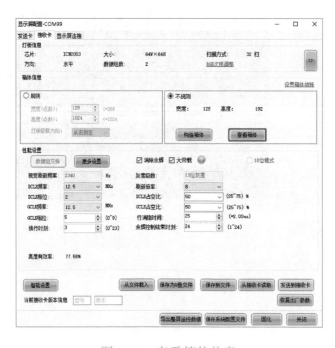

图 3-52　查看箱体信息

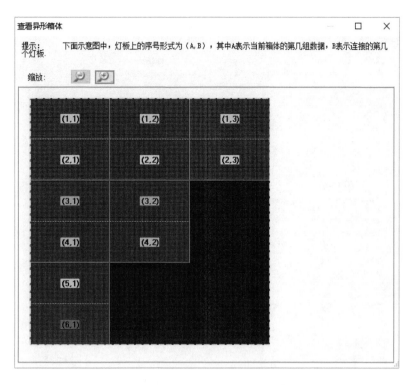

图 3-53　查看异形箱体信息

2．接收卡参数指定发送

（1）单击"发送到接收卡"按钮，发送接收卡参数并选择指定发送，发送接收卡参数如图 3-54 所示，指定接收卡如图 3-55 所示。

图 3-54　发送接收卡参数

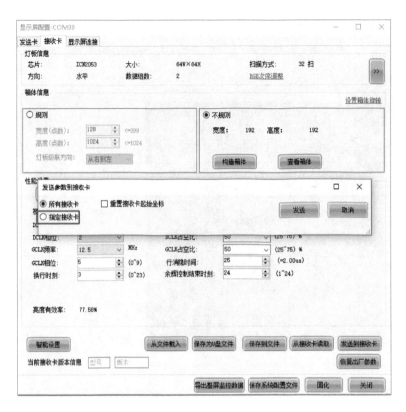

图 3-55　指定接收卡

（2）选择对应的发送方式。

① 按拓扑图发送。

在显示屏连接界面把显示屏连接图配置好后发送到硬件，此时接收卡界面按拓扑图发送才会出现屏体拓扑。选择对应的接收卡，单击"发送"按钮即可将参数发送到指定接收卡，如图 3-56 所示。

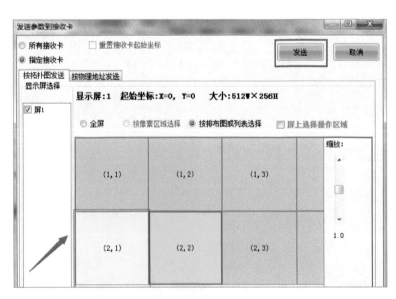

图 3-56　选择指定接收卡

② 按物理地址发送。

在没有发送显示屏连接图时，需要按物理地址进行指定发送，如图 3-57 所示。

图 3-57　按物理地址发送

按接收卡位置进行指定发送，发送卡的第一个网口连接的第一张接收卡为序号 1，以此类推，按物理连接顺序填入相应的接收卡序号。

3.4　接收卡界面参数解析

本章前三节主要介绍了扫描灯板的电路原理、常规箱体配置文件制作及异形箱体配置文件制作，本节将深入配置文件的内部，针对箱体配置文件中接收卡界面的主要参数进行详细讲解。通过灯板电路原理的学习可知，当前 LED 显示屏主流的驱动芯片主要分为通用芯片、双锁存芯片、PWM 芯片三大类，每类驱动芯片因功能的差异导致对应的接收卡界面参数有所不同，同时每类芯片又会因为设计生产厂家的不同或部分性能的不同而细分出很多具体型号，详见表 3-1。本节将在每类芯片中挑选一个具有代表性的芯片，针对此款芯片的接收卡界面参数进行详细解析。

另外，通过《LED 显示屏应用（初级）》可知，目前市场上的 LED 显示屏控制系统厂家有很多，不同系统厂家的控制软件对同一款驱动芯片的接收卡界面参数命名和界面设计会有一些差异，结合目前 LED 显示屏控制系统厂家市场占有率的情况，本节以诺瓦星云的控制软件 NovaLCT 为例进行介绍。

3.4.1　通用芯片的接收卡界面参数

在通用芯片中，每款芯片的性能基本一致，因此 NovaLCT 软件没有做过多的型号细分，统称为通用芯片。通用芯片接收卡界面参数如图 3-58 所示。

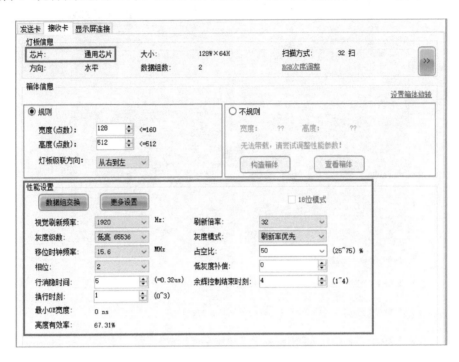

图 3-58　通用芯片接收卡界面参数

以下为通用芯片接收卡界面参数解析。

（1）视觉刷新频率：单位时间内（1s）LED 显示屏刷新图像的次数。视觉刷新频率越高，LED 显示屏的显示效果越稳定。

（2）刷新倍率：一帧画面在 LED 显示屏中刷新的次数。刷新倍率主要用来提高视觉刷新频率。

（3）灰度级数：LED 显示屏可以实现的灰度等级。灰度级数越高，LED 显示屏显示图像越细腻。

（4）灰度模式：LED 显示屏的显示模式，目前分为亮度优先、刷新率优先、灰度优先、性能均衡 4 种模式。

（5）移位时钟频率：数据移位时钟频率，在部分驱动芯片的接收卡界面显示为 DCLK 频率。

（6）占空比：数据移位时钟信号高电平与低电平的比值，在部分驱动芯片的接收卡界面显示为 DCLK 占空比。

（7）相位：数据移位时钟信号相对数据信号的偏移量，在部分驱动芯片的接收卡界面显示为 DCLK 相位。

（8）低灰度补偿：用来提高低灰画面的显示效果。

（9）行消隐时间：在扫描屏中用来调节每行 LED 的余辉消除时间。行消隐时间越长，余辉消除效果越好。

（10）余辉控制结束时刻：与行消隐时间、换行时刻配合使用，在扫描屏中调节每行 LED 的余辉消除效果。

（11）换行时刻：与行消隐时间、余辉控制结束时刻配合使用，在扫描屏中调节每行 LED 的余辉消除效果。

（12）最小 OE 宽度：LED 点亮的最小时间单位。

（13）亮度有效率：LED 在一帧画面内点亮时间的百分比。

（14）18 位模式：18bit+技术，它不是芯片的特有属性，而是诺瓦星云在驱动芯片基础上通过灰度编码技术并结合人眼识别特性研发出的一种灰度优化技术。18bit+技术可以将灰阶在原有基础上提升 4 倍，使灰度渐变更加细腻自然。

▶ 3.4.2　双锁存芯片的接收卡界面参数

在双锁存芯片中，芯片细分的具体型号比较多，根据市场使用情况，本节选取双锁存芯片 ICN2038S 作为代表进行解析。双锁存芯片 ICN2038S 接收卡界面参数如图 3-59 所示。

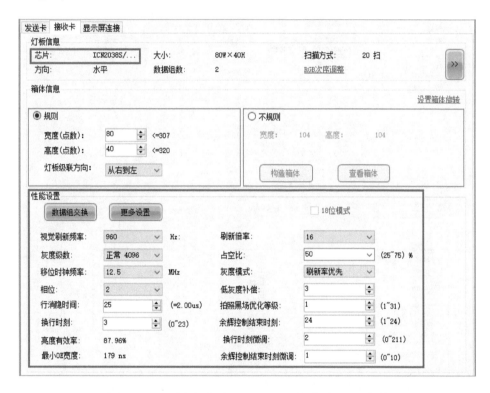

图 3-59　双锁存芯片 ICN2038S 接收卡界面参数

本节中，双锁存芯片与通用芯片相同的接收卡界面参数不再重复解析，只解析部分双锁存芯片特有的参数。

（1）拍照黑场优化等级：用来调节每一帧画面内的黑场时间排布，提升拍照效果。

（2）余辉控制结束时刻微调：是对余辉控制结束时刻调节的补充，用来微调余辉控制结束时刻，配合行消隐时间、换行时刻、余辉控制结束时刻使用，在扫描屏中更好地调节每行 LED 的余辉消除效果。

部分双锁存芯片除了具有接收卡界面的参数，在接收卡界面"更多设置"按钮中还具有一些特殊芯片的扩展属性设置，如图 3-60 所示。一般情况下，这部分参数采用默认值即可，如图 3-61 所示。如果特殊情况下需要调节芯片的扩展属性参数，则查阅对应的芯片手册做相应调节。

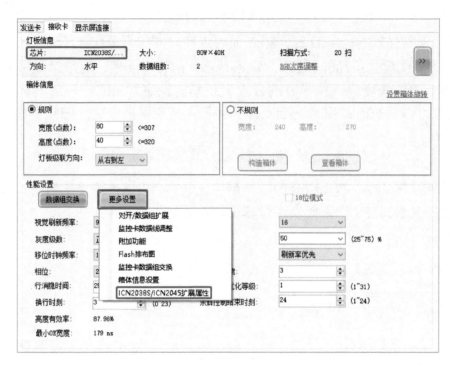

图 3-60　双锁存芯片 ICN2038S "更多设置"按钮中的芯片扩展属性

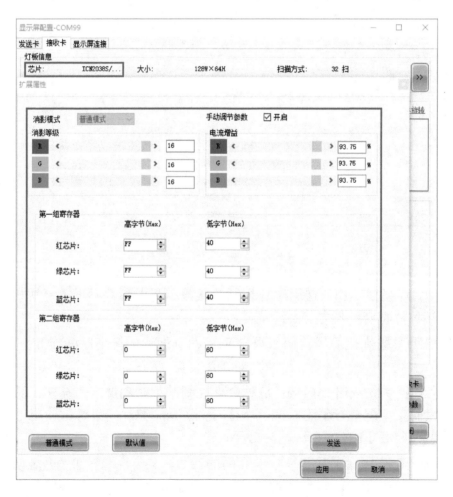

图 3-61　双锁存芯片 ICN2038S 扩展属性界面参数

3.4.3　PWM 芯片的接收卡界面参数

PWM 芯片是目前市场上使用量较大的一类驱动芯片，也是细分型号较多的一类驱动芯片。通过比较每款芯片的特点，本节选取 PWM 芯片 MBI5153 作为代表进行解析。PWM 芯片 MBI5153 接收卡界面参数如图 3-62 所示。

PWM 芯片的很多接收卡界面参数与通用芯片的接收卡界面参数相同，与双锁存芯片的接收卡界面参数类似，本节只解析 PWM 芯片特有的部分参数。

（1）GCLK 频率：灰度实现时钟频率。频率越高，视觉刷新频率和灰度级数越高。

（2）GCLK 占空比：灰度时钟信号的高电平与低电平的比值。PWM 芯片的主要影响因素是 GCLK 频率，GCLK 占空比对 PWM 芯片的影响微乎其微，一般不需要调整。

（3）GCLK 相位：灰度时钟信号相对换行时刻的偏移量。PWM 芯片的主要影响因素是 GCLK 频率，GCLK 相位对 PWM 芯片的影响微乎其微，一般不需要调整。

（4）行消隐时间：通过调节对应 GCLK 信号的脉宽实现对驱动芯片的消隐调节。

PWM 芯片除了具有接收卡界面参数，在接收卡界面"更多设置"按钮中还具有芯片的扩展属性设置，如图 3-63 所示。一般情况下，这部分参数采用默认值即可，如图 3-64 所示，如果特殊情况下需要调节芯片的扩展属性参数，则查阅对应的芯片手册做相应调节。

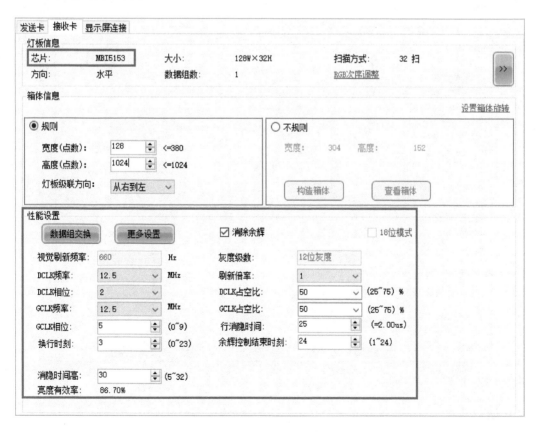

图 3-62　PWM 芯片 MBI5153 接收卡界面参数

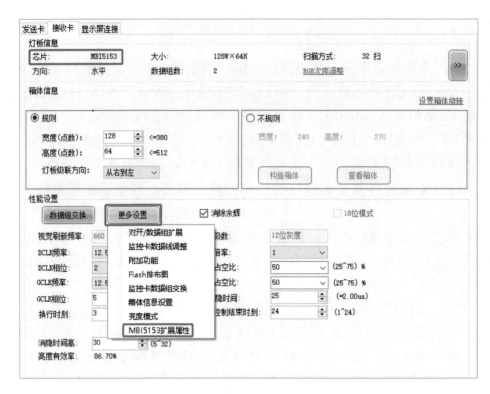

图 3-63　PWM 芯片 MBI5153 "更多设置" 按钮中的芯片扩展属性

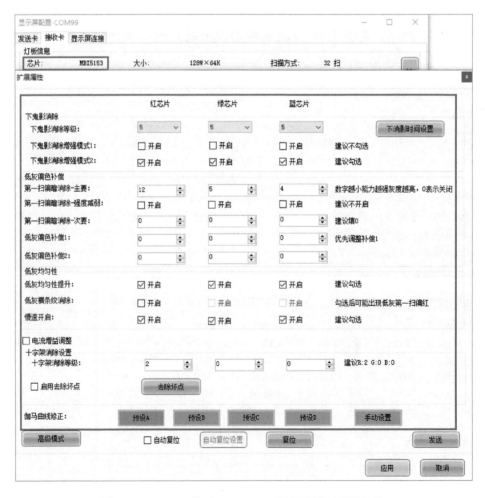

图 3-64　PWM 芯片 MBI5153 扩展属性界面参数

3.5　接收卡常用转接板类型

通过《LED 显示屏应用（初级）》可知，目前市场上还在使用的接收卡分为 5 类，分别是传统大尺寸接收卡、免 HUB 接收卡、小尺寸接收卡、DDR 接口接收卡、高密接插件接收卡。这些接收卡要与 LED 箱体（模组）连接在一起，必须使用接收卡转接板。根据 5 类接收卡与箱体（模组）连接方式的不同，可以把接收卡转接板分为接收卡自带式转接板、独立式转接板及箱体主板一体式转接板 3 类。

3.5.1　接收卡自带式转接板

接收卡自带式转接板不需要 LED 显示屏厂商或用户单独设计，接收卡在设计之初就已经将接收卡与转接板设计在一起（接收卡与转接板合二为一）。例如，诺瓦星云推出的免 HUB 接收卡，其中 MRV316、MRV266、DH7516 等接收卡都自带转接板（HUB 接口），此类接收卡只需将接收卡的 HUB 接口通过排线与 LED 箱体（模组）连接在一起即可。

接收卡自带的转接板 HUB 接口的规格比较固定，目前使用比较多的是 HUB75 接口和 HUB320 接口，接收卡 DH7512 及自带的 HUB75 接口的定义如图 3-65 所示，接收卡 MRV266 及自带的 HUB320 接口的定义如图 3-66 所示。

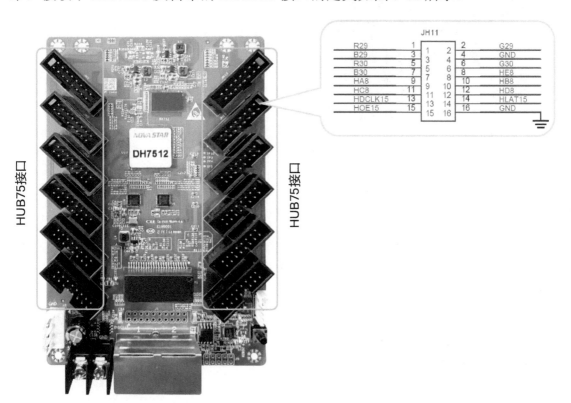

图 3-65　接收卡 DH7512 及自带的 HUB75 接口的定义

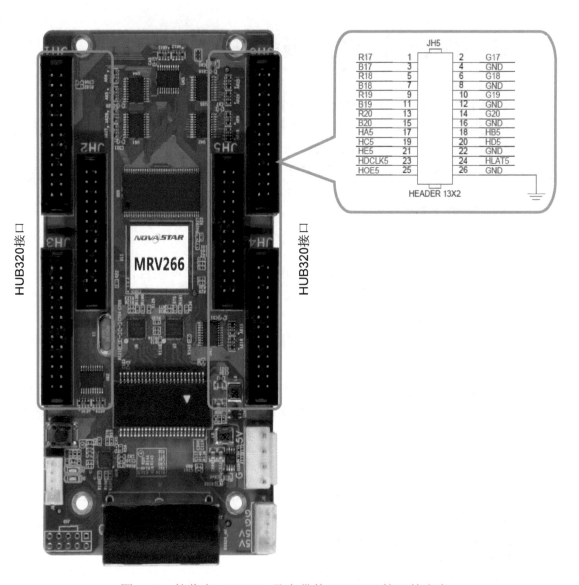

图 3-66　接收卡 MRV266 及自带的 HUB320 接口的定义

▶▶ 3.5.2　独立式转接板

独立式转接板需要 LED 显示屏厂商或用户参照接收卡的接口规格及引脚定义自行设计，主要用于使用大尺寸接收卡、小尺寸接收卡、DDR 接口接收卡及高密接插件接收卡的 LED 箱体（模组）。此类接收卡无法通过排线与 LED 箱体（模组）直接连接，必须使用转接板作为过渡。

独立式转接板先将接收卡的引脚信号转换成常见的 HUB75 接口或 HUB320 接口的信号，然后通过排线与 LED 箱体（模组）进行连接。独立式 HUB75 型转接板如图 3-67 和图 3-68 所示。

正面　　　　　　　　　　　　　　　背面

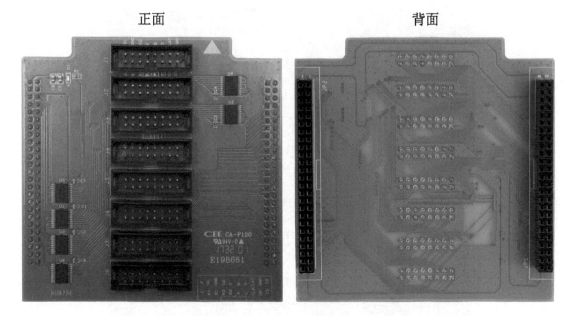

图 3-67　独立式 HUB75 型转接板（与接收卡 MRV300 等大尺寸接收卡配合使用）

正面　　　　　　　　　　　　　　　背面

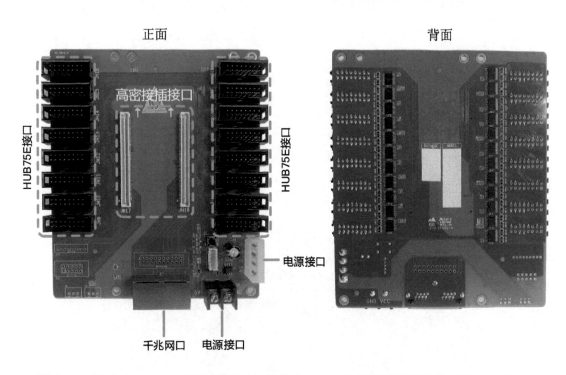

图 3-68　独立式 HUB75 型转接板（与接收卡 AXS 等高密接插件接收卡配合使用）

3.5.3　箱体主板一体式转接板

为了减少 LED 箱体的空间厚度，提高接收卡与 LED 箱体的连接可靠性及减少因为排线连接不稳定导致的故障，LED 显示屏厂商在设计箱体主板时根据选择使用的接收卡型号，将接收卡的转接板直接与箱体主板设计在一起。

箱体主板一体式转接板主要用于使用 DDR 接口接收卡、高密接插件接收卡及小尺寸接收卡的箱体（模组）。箱体主板一体式转接板如图 3-69 和图 3-70 所示。

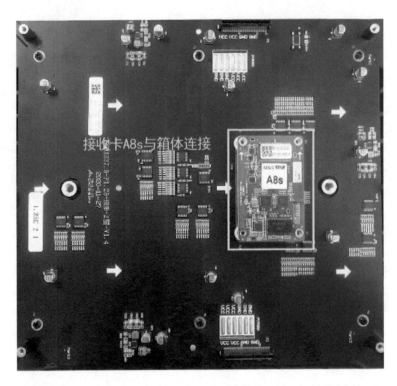

图 3-69　箱体主板一体式转接板（接收卡 A8s 与箱体连接）

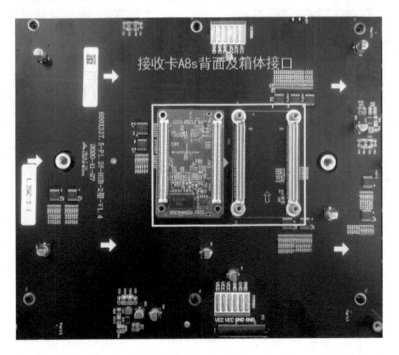

图 3-70　箱体主板一体式转接板（接收卡 A8s 背面及箱体接口）

3.5.4　接收卡带载参数极限

3.4 节分别解析了通用芯片、双锁存芯片、PWM 芯片接收卡界面中各个参数的含义，这些参数在使用过程中具体如何调节，其极限范围值是多少，针对这些问题，本节将对各个参数的极限值进行介绍，作为对接收卡界面参数解析内容的补充。

因为部分接收卡界面参数与接收卡的带载量有很大的关联，如果在接收卡不同带载量下讨论某一个参数的极限值，则极限值数量太多，并且也没有太大意义，所以本节统一在接收卡满载的前提下进行各个参数的极限值分析。

存在极限值的接收卡参数如下。

1. 数据移位时钟频率

数据移位时钟频率由接收卡的晶振器件频率经过一定的转换产生，在实际应用中它可以调节的参数范围主要与驱动芯片、接收卡、HUB 转接板、排线、箱体主板（模组主板）等硬件设计相关。理论上数据移位时钟频率的最小值可以调节到 0MHz，但由于在实际应用中不会把它调节到最小值，因此在接收卡参数界面中把它的最小值调节为 2.0MHz；同理，数据移位时钟频率的最大值可以调节到很大（大于 31.3MHz），但由于在实际应用中受限于相关部件的硬件设计而达不到最大值，因此在接收卡参数界面中把它的最大值调节为 31.3MHz。

目前，比较好的硬件可以将数据移位时钟频率调节到 25 MHz，通用芯片满载情况下最小需要 13.9MHz（视觉刷新频率为 1920Hz），PWM 芯片满载情况下最小需要 4.3MHz。

在实际应用中需要注意，数据移位时钟频率在配合通用芯片、双锁存芯片使用时，会影响 LED 显示屏的视觉刷新频率。数据移位时钟频率越高，视觉刷新频率越高，因此需要尽量地调高数据移位时钟频率。在配合 PWM 芯片使用时，数据移位时钟频率仅用于传输数据，其值只要满足当前接收卡带载的数据传输条件即可。

2. GCLK 频率

GCLK 频率只在 PWM 芯片的接收卡界面参数中存在，一部分 PWM 芯片的 GCLK 频率由接收卡的晶振器件频率进行一定的转换产生，另一部分 PWM 芯片的 GCLK 频率由芯片自己产生（但是也与接收卡相关）。

GCLK 频率主要用来实现 PWM 芯片的视觉刷新频率和灰度级数，与数据移位时钟频率相似，GCLK 频率也与接收卡、HUB 转接板、排线、箱体主板（模组主板）及驱动芯片的型号相关。在接收卡参数界面中，GCLK 频率的最小值为 3.9 MHz，此时对应的视觉刷新频率和灰度级数最低；最大值为 31.3MHz（部分 PWM 芯片的 GCLK 频率由芯片自己产生，该部分芯片的 GCLK 频率可以调节到更高），此时对应的视觉刷新频率和灰度级数最高。

3. 视觉刷新频率

视觉刷新频率主要与箱体硬件设计（扫描数）、数据移位时钟频率（通用芯片、双锁存芯片）、GCLK 频率（PWM 芯片）、刷新倍率等因素相关。一般在接收卡满载的情况下，通用芯片的视觉刷新频率可以调节到 1920Hz，双锁存芯片的视觉刷新频率可以调节到 2880Hz，PWM 芯片的视觉刷新频率可以调节到 3840Hz 甚至更高。

4. 刷新倍率

刷新倍率是驱动芯片的专有属性参数，刷新倍率的最大值对应当前参数下最大的视觉刷新频率。不同型号芯片的刷新倍率不同，通用芯片的刷新倍率等级为 1、2、4、8、16、32，最大值可以调节到 32，刷新倍率的改变会对接收卡的带载量产生一定的影响（刷新倍率的增大会导致接收卡带载量有一定的减小）；双锁存芯片的刷新倍率等级为 16、20、24、28、32…（刷新倍率根据数据移位时钟频率的变化而改变，在数据移位时钟频率为 25MHz 及接收卡满载的情况下刷新倍率最高达到 44）。双锁存芯片刷新倍率的改变也会对接收卡带载量产生一定的影响（刷新倍率的增大会导致接收卡带载量有一定的减小）；PWM 芯片的刷新倍率与芯片属性相关，有的 PWM 芯片的刷新倍率最大值可以调节到 4（如 MBI5153），有的 PWM 芯片的刷新倍率最大值可以调节到 8（如 MBI5353、ICN2053），有的 PWM 芯片的刷新倍率最大值可以调节到 32（如 ICN2065/2069）。

5．灰度级数

不同类型驱动芯片的灰度级数受影响的因素不同，通用芯片的灰度级数受数据移位时钟频率的影响较大。数据移位时钟频率越高，通用芯片可实现的灰度级数越高。在接收卡满载的情况下，通用芯片的灰度级数可以达到 65535 级，双锁存芯片的灰度级数可以达到 65535 级。PWM 芯片的灰度级数受 GCLK 频率的影响较大，GCLK 频率越高，PWM 芯片可实现的灰度级数越高，在接收卡满载的情况下，PWM 芯片灰度级数最高可以达到 16bit（正常 65536 级）。

3.6 接收卡程序升级

LED 显示屏系统由屏体、控制系统组成（控制系统包含发送设备、接收卡、控制软件等）。控制系统根据输入的视频信号，控制每个 LED 的点亮，并控制 LED 显示屏中的所有 LED 协同工作，实现在 LED 显示屏中显示画面。LED 显示屏系统工作示意图如图 3-71 所示。

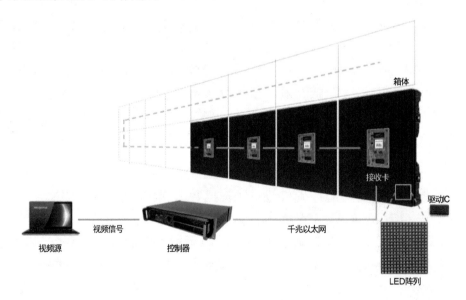

图 3-71　LED 显示屏系统工作示意图

接收卡首先通过 MCU 被动加载程序的方式使 FPAG 工作，然后通过程序控制使 FPGA 输出相关逻辑信号驱动 LED 灯板上的驱动芯片，使其正常工作，最后由驱动芯片点亮 LED。因此 LED 显示屏的正常显示需要软/硬件的共同配合才能实现，如果接收卡的程序出现故障，就需要通过升级接收卡的程序来解决问题。

3.6.1　接收卡程序升级的原因

通常 LED 显示屏系统会遇到接收卡工作异常（接收卡进 boot 区）或者需要升级新程序（针对不同芯片或者定制功能）的情况，此时需要对接收卡的程序进行升级。下文以诺瓦星云的控制软件 NovaLCT 为例，详细讲解接收卡程序升级的方法。

3.6.2　接收卡程序升级的方法

（1）使用 USB 线或者网线将电脑与发送卡正确连接，同时使用网线将发送卡与接收卡正确连接，并确保发送卡和接收卡都已正常工作。

（2）打开电脑中的 NovaLCT 软件，单击"登录"选项卡中的"同步高级登录"选项，在弹出的"用户登录"对话框中输入密码"666"或"admin"或"123456"完成登录，如图 3-72 所示。

图 3-72　NovaLCT 软件登录

（3）登录成功后查看软件界面的控制系统数量是否为 1，如果不为 1，则单击"系统"选项卡中的"重新连接"按钮，直到控制系统数量变为 1，此时 NovaLCT 软件已和发送卡成功连接，如图 3-73 所示。

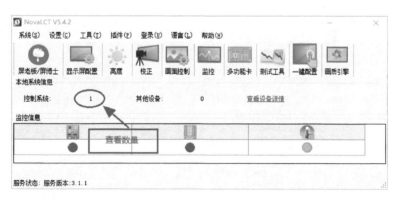

图 3-73　NovaLCT 软件系统连接

（4）系统连接成功后，单击 NovaLCT 软件界面空白处，输入暗码"666888"，弹出程序更新界面。此时，如果需要升级级联发送卡所带载的接收卡的程序，则在"当前操作通信口"下拉列表中选择所需要升级的发送卡串口号（或网口号）。如果只有一张发送卡，则选择默认接口即可，无须进行选择，NovaLCT 软件程序更新界面如图 3-74 所示。

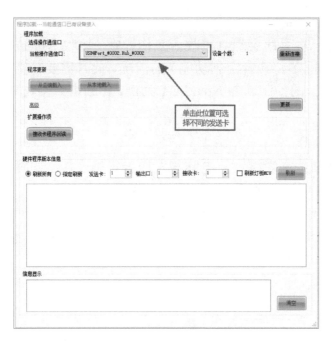

图 3-74　NovaLCT 软件程序更新界面

（5）发送卡串口号选择完毕后，开始加载接收卡程序包。单击"从本地载入"按钮，在对应的文件夹中选择需要更新的接收卡程序，单击"确定"按钮，完成接收卡程序包加载，NovaLCT 软件程序加载界面如图 3-75 所示。在 NovaLCT 软件程序更新界面中单击"更新"按钮，NovaLCT 软件会自动更新所选择的接收卡程序，等待程序更新完成即可。

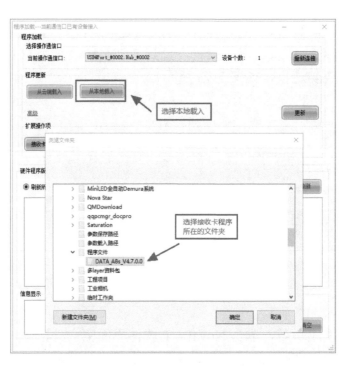

图 3-75　NovaLCT 软件程序加载界面

3.6.3　注意事项

（1）升级过程中禁止对接收卡或发送卡进行断电操作，禁止插/拔发送卡和接收卡之间的网线，禁止插/拔电脑和发送卡之间的连接线。

（2）电脑使用网线连接发送卡时，确保电脑网卡的 IP 地址和发送卡的 IP 地址在同一网段。如果不在同一网段，NovaLCT 软件将无法连接发送卡。

（3）程序更新完成，单击"刷新"按钮，查看所更新的接收卡程序版本是否正确。如果出现接收卡版本乱码、不全等现象，则单击"更新"按钮进行更新。NovaLCT 软件程序刷新界面如图 3-76 所示。

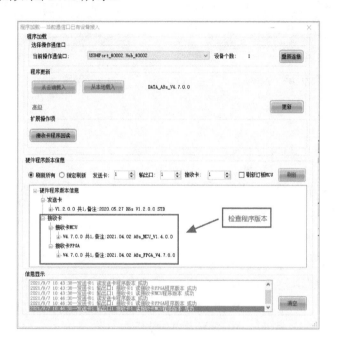

图 3-76　NovaLCT 软件程序刷新界面

3.7　典型接收卡带载方案设计

3.7.1　接收卡功能简介

接收卡有多种型号，每种型号有不同的总带载、数据组模式及其他功能。下文以诺瓦星云 A8s 接收卡为例进行讲解。A8s 接收卡外观如图 3-77 所示。

A8s 接收卡的主要功能是单卡最大带载 512×384 个像素点，采用诺瓦星云特有的画质引擎技术，精确校准 LED 显示屏色域和灰阶，并且对灰阶有 64 倍的提升效果。A8s 接收卡同时支持逐点亮色度校正、RGB 独立 Gamma 调节、低延迟、3D、HDR 等功能。

A8s 接收卡采用高密接插件接口进行通信，防尘防震、稳定性高，支持 32 组 RGB 并行数据或 64 组串行数据，可扩展为 128 组串行数据，预留接口可供用户定义功能。

正面  背面

电源指示灯 运行指示灯   高密接插件

图 3-77　A8s 接收卡外观

3.7.2　数据组介绍

A8s 接收卡有并行数据，串行数据两种输出模式。并行数据模式有 8 组并行输出、16 组并行输出、32 组并行输出；串行输出模式有 64 组串行输出、128 组串行输出。

接收卡的接口引脚定义，实际上是从接收卡中 FPGA 芯片的 I/O 引出来的，FPGA 作为可编程逻辑器件，有多个并行的 I/O 输出，并行情况下每 3 个 I/O 作为 1 组数据输出，串行情况下 1 个 I/O 作为 1 组数据输出。在 FPGA 带载运算能力的基础上，输出的数据组越大，单组数据带载量越小。

3.7.3　数据组计算方式

以 A8s 接收卡为例，并行数据组模式有 8 组、16 组、32 组 3 种，最大带载 512×384 个像素点，所使用数据组≤8，按 8 组计算，16 组与 32 组同理。因此 3 种数据组模式对应的每个数据带载像素点数分别为 512×384/8=24576、512×384/16=12288、512×384/32=6144。

实例 3-1　一个分辨率为 192 像素×192 像素的箱体，箱体数据组排布图如图 3-78 所示。灯板分辨率为 96 像素×96 像素、按照 2×2 的排列方式，灯板之间不级联，每个灯板有 3 组数据，诺瓦星云 A8s 接收卡能否带载？

1	7
2	8
3	9
4	10
5	11
6	12

图 3-78　箱体数据组排布图

（1）计算整个箱体的带载是否超过接收卡最大带载范围。

单个箱体的总像素点数为 192×192=36864；单张接收卡总带载点数为 512×384=196608，196608>36864，满足条件。

（2）计算每个灯板的数据组数，然后计算每组数据带载的像素点数，确定每组数据带载的像素点数是否超过接收卡单组数据带载范围。

每个灯板的数据组数为 3，每组数据带载像素点数为 96×96/3=3072。

数据组使用 1～12 组，8＜12＜16，所以接收卡按照 16 组数据模式进行计算。

A8s 接收卡每组数据可带载像素点数为 512×384/16=12288，12288>3072，可以满足带载需求，满足条件。

（3）选择接收卡（以 A8s 接收卡为例）。

判定接收卡参数是否满足灯板要求如表 3-2 所示。

表 3-2　判定接收卡参数是否满足灯板要求

类　　型	总像素点	数据组数	单组数据带载像素点数
灯板	36864	12	3072
接收卡	196608	16	12288
是否满足	是	是	是

实例 3-2　一个分辨率为 128 像素×256 像素的箱体,灯板分辨率为 64 像素×32 像素，每个灯板有 2 组数据，灯板不支持级联，使用诺瓦星云 MRV330 接收卡能否带载？

（1）计算单个箱体需要多少个灯板。箱体分辨率为 128 像素×256 像素，灯板分辨率为 64 像素×32 像素，因此单个箱体有（128/64）×（256/32）=16 个灯板，所以单个箱体需要 16×2=32 组数据。

（2）查看接收卡参数。

MRV330 接收卡如图 3-79 所示。

图 3-79　MRV330 接收卡

① 集成 12 个标准 HUB75 接口，免接 HUB。

② 单卡输出 RGB 数据 24 组。

③ 单卡带载像素点数为 256×256。

由于 MRV330 接收卡输出的数据组数最多为 24，24<32，因此一张 MRV330 接收卡无法带载一个箱体，使用两张 MRV330 接收卡可带载一个箱体。

实例 3-3　一个箱体的分辨率为 192 像素×192 像素，灯板分辨率为 64 像素×48 像素，灯板支持级联，每个灯板有 2 组数据，诺瓦星云 A8s 接收卡能否带载？

A8s 接收卡一组数据最大可带载像素点数为 12288，灯板的一组数据像素点数为 64×48/2=1536，因此，A8s 接收卡一组数据最多支持级联灯板数为 12288/1536=8。而单个箱体灯板的宽为 192/64=3，高为 192/48=4，灯板总数为 3×4=12，A8s 接收卡支持 16 组数据且每组数据可支持级联 8 个灯板，所以一张 A8s 接收卡可以带载一个箱体。

▶ 3.7.4　接收卡带载总结

接收卡能否带载一个箱体需要注意以下因素。

1. 箱体的总像素点数

确定箱体的总像素点数是否已经超出接收卡支持的最大带载点数。

2. 箱体的数据组数

确定箱体的数据组数是否已经超过接收卡支持的最大数据组数。

3. 单组数据的带载点数

单张接收卡的带载能力有限，当使用的数据组数越多时，每组数据能带载的像素点数越少。计算带载时，需要算出接收卡每组数据所需带载的像素点数是否超出单组数据的带载范围。例如，当使用接收卡的 24 组数据模式时可以带载，当使用接收卡的 32 组数据模式时不一定能带载。

4. 模组（灯板的级联方式）

当模组（灯板）级联起来时，一组数据需要带载多个灯板，此时需要考虑一组数据带载多个灯板时是否超出单组数据的带载范围。

第 **4** 章

复杂同步 LED 显示屏
系统调试

4.1 超大屏方案介绍

为了迎合市场需求，LED 显示屏总体趋势开始向点间距越来越小、总像素越来越高的方向发展。在此基础上，各类 LED 显示屏接连推向市场，其中，总像素点数超过 880 万的超大型 LED 显示屏备受欢迎，被广泛应用于广告投放、商业演出、展厅搭建等多种显示场景。由于此类屏幕总像素较大、控制系统链路复杂，涉及较多的行业设备和功能设置，因此本节主要介绍 LED 显示屏控制系统的方案——超大屏方案。

▶▶ 4.1.1 超大屏现行方案概述

目前，在 LED 显示屏行业中，普遍认为分辨率为 3840 像素×2160 像素及以上的 LED 显示屏为超大 LED 显示屏。对于此类超大 LED 显示屏而言，单张发送卡或视频控制器无法对其进行有效带载，通常需要增加设备选型和数量。

发送卡对 LED 显示屏进行控制时，若 LED 显示屏整屏分辨率超过单张发送卡分辨率，则通常选择由多张发送卡级联，共同控制该 LED 显示屏。以诺瓦星云 MCTRL660 为例，其带载能力为 1920×1200 个像素点，当 LED 显示屏的分辨率为 3840 像素×2160 像素时，需要 4 台 MCTRL660 共同带载。发送卡级联方案架构图如图 4-1 所示。

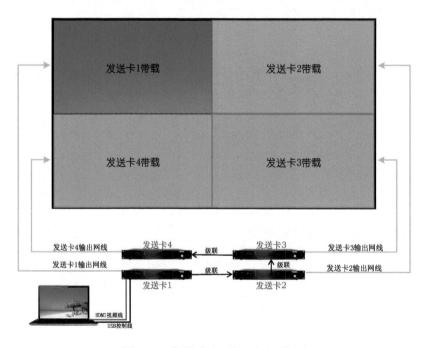

图 4-1 发送卡级联方案架构图

在该方案中，使用 1 台电脑向发送卡 1 提供视频源，4 张发送卡级联，由电脑共同控制。此时，只有发送卡 1 所带载的区域显示画面，对应电脑左上角的像素区域。若选择向 4 张发送卡分别提供视频源信号，则 LED 显示屏各张发送卡所带载的区域分别显示视频源电脑左上角的像素信息，LED 显示屏无法正常显示一个连续完整的画面。

分析发现，在该方案中，LED 显示屏无法正常显示的主要原因是视频源信号无法准确切割，并按照所带载的区域依次分配给对应的发送卡。为了解决这一限制 LED 显示屏向更大、更高清发展的难题，在设计超大屏方案时，行业内选择在发送卡与前端视频源的链路间添加视频拼接器。由视频拼接器对电脑的视频源信号进行处理、切割后分配给对应的发送卡，确保各张发送卡所带载的区域可以拼接成一个完整画面，即视频拼接器加发送卡实现超大屏方案。

在视频拼接器加发送卡的方案中，主要解决了视频源信号的处理问题。而目前在 LED 显示屏行业中，存在一种集视频处理、LED 显示屏带载功能于一体的设备——视频控制器。为了解决超大屏带载难题，目前行业内部分视频控制器具备拼接功能，多台视频控制器通过拼接功能可以确保整屏画面连续、完整地显示。即视频控制器拼接带载实现超大屏方案。

在上述两种方案中，采用的核心思路均为多张发送卡或多台视频控制器级联，并进行视频信号的处理。但在实际应用中，以上两种方案存在链路较多、现场冗杂等显著缺点。因此，诺瓦星云首创了行业内第一款插卡式视频拼接服务器，通过自由选配不同规格的子卡，一台设备即可完成超大屏带载，显著降低了超大屏方案的复杂性。

因此，目前行业内针对超大屏主要有 3 种解决方案，分别为视频拼接器加发送卡实现超大屏方案、视频控制器拼接带载实现超大屏方案、视频拼接服务器实现超大屏方案。根据不同的现场技术需求和成本因素，选择对应的方案类型。

4.1.2 视频拼接器加发送卡实现超大屏方案

当 LED 显示屏像素总数超过单张发送卡带载极限时，可以采用多张发送卡级联的方式进行带载，但各张发送卡所带载的区域之间的视频信号无法有效拼接，LED 显示屏无法显示完整的画面。因此，行业内针对超大屏的一种常用方案是在发送卡与视频源之间增加视频拼接器，即视频拼接器加发送卡实现超大屏方案。

视频拼接器是一种专业的视频处理设备，其主要功能是把一路视频信号分割为多个显示单元，并将分割后的显示单元信号输出到多张发送卡，最终由发送卡的输出网口确保 LED 显示屏组成一个完整的图像。目前，在 LED 显示屏行业中，代表性的视频拼接器产品有诺瓦星云的 VS7，如图 4-2 所示。

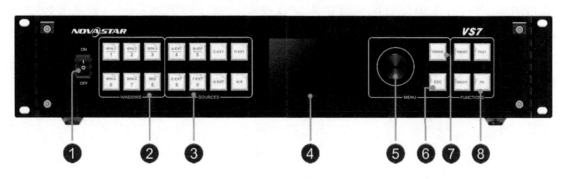

图 4-2 视频拼接器 VS7

以诺瓦星云 VS7 为例，视频拼接器的前面板的构成及其主要功能如下。

① 电源开关键：控制视频拼接器电源。

② 窗口按键：控制视频拼接器的窗口的开关状态，每个窗口按键指示灯的亮灭对应该窗口的工作状态。灯全亮表示窗口已开启且输入源正常；灯半亮表示窗口已开启，但输入源异常；灯不亮表示窗口未开启；灯闪烁表示窗口正在编辑中。

③ 输入源按键：可以实现窗口输入源的快速选择，并判断输入源信号的工作状态。灯全亮表示输入源有信号且正在使用中；灯半亮表示输入源有信号但未使用；灯不亮表示输入源无信号或信号异常。

④ 液晶显示屏：可以查看视频拼接器当前的状态，以及进行视频拼接器功能性设置。

⑤ 操作旋钮：配合液晶显示屏使用，可以进行设置选项的选择。

⑥ 返回键：退出当前菜单或取消操作。

⑦ FREEZE 键：可以冻结或取消冻结输出画面。

⑧ 功能键区域：短按 PRESET 进入场景界面；短按 BRIGHT 开启输出画面亮度调节功能，旋转旋钮调节输出画面亮度；短按 TEST 进入测试画面，再次短按退出测试画面，FN 为自定义按键，短按进入已设定的功能菜单界面，长按进入 FN 键设置界面。

在功能方面，视频拼接器一般拥有规格较高的视频输入接口，可以解决无法点对点播放所带来的缩放问题。同时，视频拼接器拥有各种常见的视频输入接口，可以自由输入各种视频信号而不受接口的限制。以诺瓦星云 VS7 为例，视频拼接器的功能主要集中在以下几个部分：

① 支持多种视频信号输入。VS7 支持 DVI、HDMI1.3、3G-SDI、DP1.1、HDMI1.4 等视频信号。

② 支持单机多路视频信号输出。VS7 拥有 4 路 DVI 视频信号输出接口。

③ 支持开设多个图层，并分配对应输入源。VS7 支持添加 5 个图层。

④ 支持保存多个场景，并实现一键调用。VS7 支持创建 32 个场景。

⑤ 支持进行视频信号处理，可以完成图像的放大、缩小、点对点显示等。

在视频拼接器加发送卡具体的实施方案中，视频拼接器常见方案架构如图 4-3 所示。在该方案架构中，4 台电脑提供 2 路 HDMI 视频信号及 2 路 DVI 视频信号，1 台摄像机提供 1 路 3G-SDI 视频信号。输入信号由 VS7 视频拼接器处理后，由 4 路 DVI 输出口以视频信号的形式输出，并分别输入 4 张发送卡，由发送卡通过网口将视频信号分配给所带载的 LED 显示屏区域。

在进行拼接器加发送卡实现超大屏方案设计时，首先考虑视频拼接器的功能定位。由于视频拼接器属于视频处理设备，本身并不具备发送卡的功能，因此，在配置超大屏方案时需要视频拼接器配合发送卡一起使用，才能完成最终的带载方案。

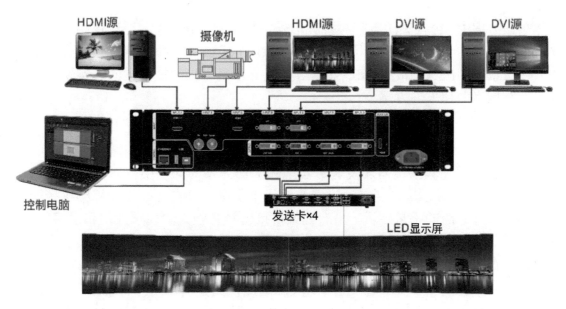

图 4-3　视频拼接器常见方案架构

　　在制作该方案时，首先，根据大屏的宽、高和总像素点数将屏幕分割成若干部分，并选择合理的拼接方式及合适的视频拼接器和发送卡。确认方案无误后，进行硬件连接，使用发送卡分别带载被分割的各个区域，在视频拼接器中先设置视频信号的输出格式，然后将视频信号输出至发送卡，至此，LED 显示屏正常点亮。当图 4-1 中所展示的方案采用视频拼接器加发送卡实现超大屏方案时，其系统架构如图 4-4 所示。

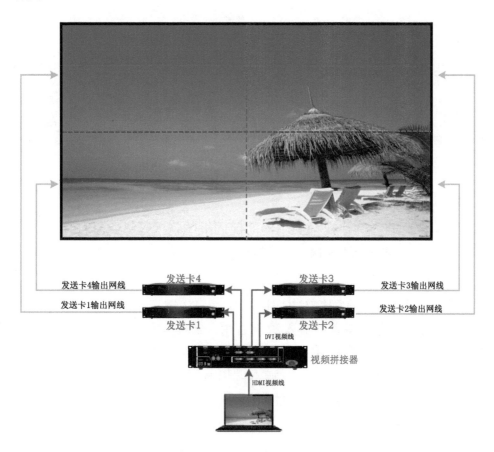

图 4-4　视频拼接器加发送卡实现超大屏方案系统架构

在该方案中，由视频源电脑将视频信号传输到视频拼接器，经过视频拼接器处理后，按照发送卡实际带载的区域大小，通过 DVI 信号将视频信号分配给 4 张发送卡各自带载的区域，最终 LED 显示屏完整显示出电脑的视频画面，实现视频拼接器加发送卡的超大屏方案。

▶▶ 4.1.3 视频控制器拼接带载实现超大屏方案

在上述采用视频拼接器加发送卡实现超大屏方案的介绍中，对于单张发送卡无法带载的 LED 显示屏，通常通过多张发送卡级联，并在前端增加视频拼接器的方式实现整屏画面的正常显示。虽然视频拼接器具备强大的视频处理和拼接能力，但是并不具备发送卡的带载功能，因此需要配合发送卡使用。但在 LED 显示屏行业中，存在一种集视频处理和发送卡功能于一体的设备——视频控制器。

由于视频控制器本身具备发送卡功能，因此视频控制器同样有带载限制。对于单台视频控制器无法带载的 LED 显示屏，同样可以采用多台视频控制器拼接的方式实现全部带载，即视频控制器拼接带载实现超大屏方案。

视频控制器是一种集视频处理和 LED 显示屏控制于一体的二合一控制器，其主要功能是将接收到的视频信号进行缩放、开设图层等处理后，不经单独的发送卡即可通过网口将视频信号传输给后端的 LED 显示屏。其中，在视频控制器拼接带载实现超大屏方案中，所使用的为视频控制器的拼接功能。目前，在 LED 显示屏行业中，代表性的视频控制器产品有诺瓦星云的 K16 等。视频控制器 K16 如图 4-5 所示。

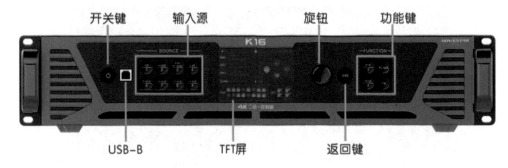

图 4-5 视频控制器 K16

以诺瓦星云 K16 为例，视频控制器的前面板的构成及其功能如下。

① 开关键：负责视频控制器的开/关机。

② USB-B：用于连接电脑等调试设备。

③ 输入源：用于输入源按键的切换，同时，按键指示灯可以用来显示输入源信号的工作状态。白灯长亮表示输入源未启用，无输入源信号接入；蓝灯快闪表示输入源已启用，无输入源信号接入；蓝灯慢闪表示输入源未启用，有输入源信号接入；蓝灯长亮表示输入源已启用，有输入源信号接入。

④ TFT 屏：用于显示设备当前的状态及设置菜单项参数。

⑤ 旋钮：配合液晶显示屏使用，可以进行设置选项的选择。

⑥ 返回键：执行退出当前菜单或取消操作。

⑦ 功能键：主要包含 4 个功能按键，分别为 PIP、SCALE、TEST、FN。它们的功能分别为进入"窗口属性"界面、开启/关闭底层窗口的全屏缩放功能、进入测试画面设置菜单、自定义功能按键，可自定义"同步模式""场景设置""画面冻结""画面黑屏""快捷点屏""画质调整"等功能按键。

在功能方面，视频控制器同时具备视频处理和 LED 显示屏带载多重功能，以诺瓦星云 K16 为例，视频控制器的功能主要集中在以下几个部分：

① 支持多种视频信号接入。K16 支持 DP1.2、 HDMI2.0、DVI 等信频信号。

② 支持网口输出，可直接带载 LED 显示屏。K16 共 16 个输出网口。

③ 支持开设多个图层，并分配对应输入源。K16 支持添加 3 个图层。

④ 支持保存多个场景，并实现一键调用。K16 支持创建 10 个场景。

⑤ 支持进行视频信号处理，可以完成图像的放大、缩小、点对点显示等。

⑥ 支持多台设备级联拼接带载。K16 最多可支持 4 台拼接，实现超大显示屏带载。

在单台 K16 进行带载时，单台视频控制器方案架构如图 4-6 所示。

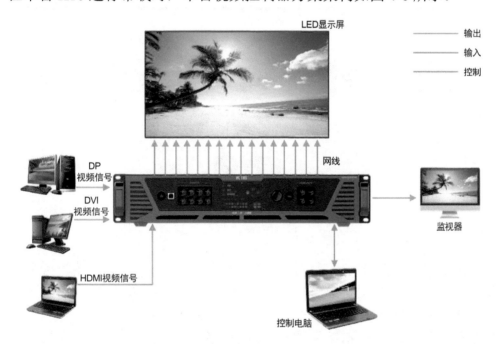

图 4-6　单台视频控制器方案架构

在该方案架构中，3 台电脑分别提供 1 路 DP 视频信号、1 路 DVI 视频信号、1 路 HDMI 视频信号，视频信号经 K16 进行处理后，通过 16 路网口带载后端 LED 显示屏。此时，LED 显示屏共开设 1 个图层，显示 HDMI 视频信号所提供的视频源。同时，利用液晶显示屏对 LED 显示屏显示状态进行实时监测。

在进行视频控制器拼接带载实现超大屏方案设计时，需要考虑视频控制器既具备视频处理功能，又具备 LED 显示屏带载功能的产品特性。因此，在该方案中，无须添加发送卡即可完成带载。

在制作该方案时，需要考虑 LED 显示屏和视频控制器的最大带载能力，结合不同型号的视频控制器的最大拼接数量，确定是否满足该方案的需求配置。将整块

LED 显示屏分别由不同的视频控制器分开控制带载后，添加 HDMI 分配器，将单台电脑的 HDMI 视频信号复制输出，并传输至视频控制器。当图 4-1 中所展示的方案采用视频控制器拼接带载实现超大屏方案时，其系统架构如图 4-7 所示。

图 4-7　视频控制器拼接带载实现超大屏方案系统架构

在该方案中，共使用两台视频控制器实现拼接带载。首先，前端视频源电脑将视频信号通过 HDMI 视频线传输给 HDMI 分配器；然后，借助 HDMI 分配器的信号复制输出功能，HDMI 分配器输出两路完全一致的 HDMI 视频信号，分别传输给两台视频控制器；最后，借助视频控制器的拼接带载功能，完成整屏的正常显示，确保电脑画面完整地显示在 LED 显示屏上。

▶▶ 4.1.4　视频拼接服务器实现超大屏方案

对于超大型 LED 显示屏的方案设计，先后介绍了视频拼接器加发送卡的方案及视频控制器拼接带载的方案。虽然此类方案可以有效完成超大 LED 显示屏的带载显示任务，但是却存在一个明显的弊端：现场方案过于冗杂。由于设备间链路过多，导致不可控的风险点增多。同时，由于设备硬件条件的限制，此类方案所能带载的像素总数相对有限。因此行业内推出一种超大带载、具备视频处理和 LED 显示屏带载功能的产品——视频拼接服务器。

视频拼接服务器是一种基于插卡式、模块化设计的多功能视频产品，根据所配备的不同的输出子卡，既可用作视频处理、视频控制的视频拼接处理器，也可用作纯视频拼接处理器。整机采用模块化配置、插卡式结构，可根据用户需求灵活配置输入/输出卡，支持输入/输出卡热插拔，性能稳定，在超大屏领域已经被广泛使用。目前，视频拼接服务器的产品有诺瓦星云的 H2、H5、H9、H15 等。视频拼接服务器 H5 如图 4-8 所示。

图 4-8　视频拼接服务器 H5

视频拼接服务器特殊的硬件结构决定了其具体功能需要根据所配备的不同的子卡决定，如图 4-9 所示。视频拼接服务器 H5 所配置的子卡如下：

图 4-9　视频拼接服务器 H5 后面板

① I-1：4 路 DVI 输入卡，支持 4 路 DVI 信号的输入。

② I-2：4 路 DVI 输入卡，支持 4 路 DVI 信号的输入。

③ I-3：4 路 HDMI 输入卡，支持 2 路 HDMI1.3 信号、2 路 HDMI1.4 信号的输入。

④ I-4：4 路 HDMI 输入卡，支持 2 路 HDMI1.3 信号、2 路 HDMI1.4 信号的输入。

⑤ I-5：1 路 HDMI2.0+1 路 DP1.2 输入卡，支持 1 路 HDMI2.0 或 1 路 DP1.2 信号的输入，每次只能使用一个接口进行信号输入。

⑥ I-6：2 路 DP1.1 输入卡，支持 2 路 DP1.1 信号的输入。

⑦ I-7：4 路 3G-SDI 输入卡，支持 4 路 3G-SDI 信号的输入。

⑧ I-8：2 路网口 IP 解码卡，支持 2 路 RJ45 千兆网口信号的输入，常用于网络摄像头信号的输入。

⑨ I-9：4 路 VGA 输入卡，支持 4 路 VGA 信号的输入。

⑩ I-10：2 路 CVBS+2 路 VGA 输入卡，支持 2 路 CVBS 和 2 路 VGA 信号的输入。

⑪ O-11：16 路网口+2 路光口发送卡，支持 16 路千兆网口输出和 2 路光口输出，最大带载 1040 万像素点。

⑫ O-12：16 路网口+2 路光口发送卡，支持 16 路千兆网口输出和 2 路光口输出，最大带载 1040 万像素点。

⑬ O-13：20 路网口发送卡，支持 20 路千兆网口输出，最大带载 1300 万像素点。

在功能方面，视频拼接服务器拥有更大的带载和更加丰富的输入、输出接口，满足超大屏的带载需求，从根本上解决了超大屏控制系统链路复杂的问题。以诺瓦星云 H5 为例，视频拼接服务器的功能主要集中在以下几个部分：

① 支持多种视频信号接入，根据选配的不同输入子卡，满足 LED 显示屏行业内所有主流视频信号输入接口的需求。H5 支持选配 10 张输入子卡。

② 支持单机多路视频信号输出，在选配视频信号接口型输出卡时，支持 DVI、HDMI1.4、HDMI2.0 等多种格式的信号输出。H5 支持选配 3 张视频输出子卡。

③ 支持多路网口输出，在选配网口型输出卡时，支持 16 网口和 20 网口两类子卡配置，分别带载 1040 万和 1300 万像素点。H5 支持选配 3 张网口输出子卡。

④ 支持开设多个图层，并分配对应输入源，单个网口输出子卡支持 16 个 2K 图层、8 个 DL 图层和 4 个 4K 图层。

⑤ 支持保存多个场景，并实现一键调用，支持 2000 个自定义场景 。

⑥ 支持进行视频信号处理，可以完成图像的放大、缩小、点对点显示。

⑦ 支持输出接口同步拼接，确保所有输出接口的输出图像完全同步，画面完整，播放流畅，无卡顿丢帧情况，无撕裂和拼缝现象。

在进行视频拼接服务器实现超大屏方案设计时，需要考虑视频拼接服务器输入、输出子卡的选配问题，结合现场输入信号的使用需求，选配对应数量、特定类型的输入子卡。根据现场 LED 显示屏的像素总数，选配对应数量及类型的输出子卡。

在制作该方案时，将 LED 显示屏根据像素总数分割为若干区域，区域的大小应结合输出子卡的类型及对应的带载能力决定。确定好分区后，由对应的输出子卡带载对应区域的 LED 显示屏。完成硬件连接后，通过 Web 端进行配置，并在对应软件端完成 LED 显示屏的调试。当图 4-1 中所展示的方案采用视频拼接服务器实现超大屏方案时，其系统架构如图 4-10 所示。

在该方案中，仅使用一台视频拼接服务器即可完成超大屏的带载，电脑视频源信号由 HDMI 视频线传输至视频拼接服务器的输入子卡，经过系统处理，最终由输出子卡通过输出网线完成超大屏的带载。

图 4-10　视频拼接服务器实现超大屏方案系统架构

4.2　系统备份设置

冗余备份设置是租赁和固装业务中一项非常重要的功能。LED 显示屏在使用过程中，经常出现网线断开的问题，为了保证在网线断开的情况下 LED 显示屏仍能正常显示，诺瓦星云研发出了冗余备份功能。实现冗余备份功能的方式一共有 3 种，即同一发送卡不同网口之间的备份、级联发送卡之间的备份、非级联发送卡之间的备份。

假设在某工程项目中，一块 LED 显示屏由一张发送卡的两个输出网口带载，另外两个输出网口进行备份，接下来我们将分别介绍上述 3 种不同备份方式的设置方法。

▶▶ 4.2.1　发送卡级联备份

当 LED 显示屏的分辨率超出单张发送卡的带载能力时，通常会使用多张发送卡级联的方式来实现对 LED 显示屏的控制。此时需要将多张发送卡级联起来，使所有的发送卡处于同一个控制系统中，来达到统一控制和调节的目的。

当前 LED 显示屏控制系统中发送卡级联的方式有很多，其主要与设备的级联接口设计有关。

1. 使用 5Pin 级联线实现级联

如果使用早期的裸卡式控制卡实现多张控制卡的级联，首先需要找到控制卡上的级联接口。以诺瓦星云 MSD300 为例，其接口 J18 为级联输出口，接口 J6 为级联输入口。使用特殊的 5Pin 级联线，将第一张控制卡的接口 J18 与第二张控制卡的接口 J6 相连接，完成两张控制卡的级联，如图 4-11 所示。

图 4-11　使用 5Pin 级联线级联

2．使用航空头级联线实现级联

从裸卡式控制卡向机壳式控制器发展的过程中，级联口随之发生变化，改为使用 5Pin 航空头级联线级联。这种接口的好处是使用了卡扣设计，使连接更加稳定。以诺瓦星云 MCTRL300 为例，裸卡的级联信号被引到机壳上，因此级联时需要使用 5Pin 航空头级联线将第一张发送卡的 UART OUT 接口与第二张发送卡的 UART IN 接口相连接，完成两张发送卡的级联操作，如图 4-12 所示。

图 4-12　使用 5Pin 航空头级联线级联

3．使用网线实现级联

利用 5Pin 航空头级联线实现级联的方式在工程现场存在着一定的使用弊端，因此在诺瓦星云的升级产品 MCTRL660 中，级联接口被设计成了网口，如图 4-13 所示。网线作为工程现场常用的线材，使设备的级联变得轻而易举。只需要使用网线将第一张发送卡的 UART OUT 接口与第二张发送卡的 UART IN 接口相连接，即可完成级联操作。

图 4-13　使用网线级联

4. 使用 USB 线实现级联

　　网线级联虽然方便了许多，但也有缺点，即网线的水晶头非常容易损坏，从而导致级联线松动、接触不良或级联信号不稳定，而 USB 接口相较更稳定。于是，在新研制的发送卡设备上，大部分控制系统厂商十分默契地将 USB 接口作为设备间级联的接口。使用 USB 线级联如图 4-14 所示。

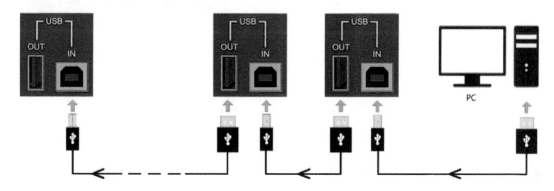

图 4-14　使用 USB 线级联

　　需要注意的是，只有同一型号的发送卡才能实现级联，不同型号的发送卡不能实现级联。发送卡完成级联后，可以在 NovaLCT 软件主界面中单击"查看设备详情"超链接，在弹出的"设备类型总个数"对话框中查看级联是否成功，如图 4-15 所示。当同一通信口下出现多台设备时，说明级联成功。

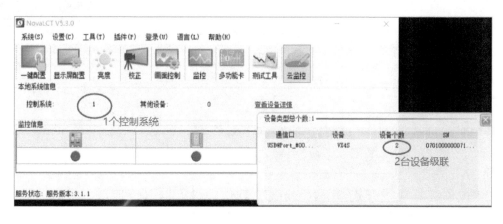

图 4-15　查看级联是否成功

4.2.2　同一发送卡不同网口之间的备份设置

1. 系统架构

以诺瓦星云的视频控制器 VX4S 为例，其系统架构如图 4-16 所示。屏体使用发送卡的输出口 1 带载，使用输出口 2 作为输出口 1 的备份。因此，硬件连接中需要使用网线将发送卡的输出口 2 与显示屏最后一张接收卡的最后一个输出口相连，使整个系统形成一个闭合环路。

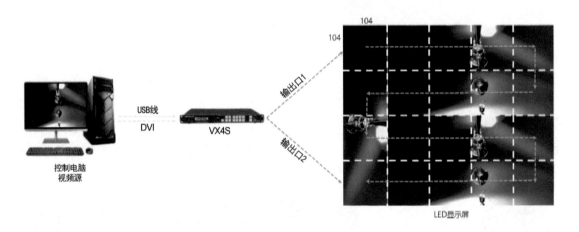

图 4-16　同一发送卡不同网口之间的备份系统架构

2. 软件设置

硬件连接好之后，软件设置步骤如下所示。

（1）登录 NovaLCT 软件，在主界面可看到控制系统的数量为 1。单击"查看设备详情"超链接，在弹出的"设备类型总个数"对话框中可看到设备个数为 1，即发送卡的数量为 1，如图 4-17 所示。

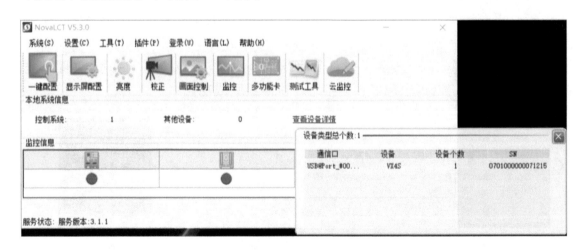

图 4-17　查看控制系统和发送卡的数量

（2）根据实际连线方式，在 NovaLCT 软件中进行屏幕连接，使屏幕显示正常，如图 4-18 所示。如果屏幕连接错误，则备份设置不能正常工作。

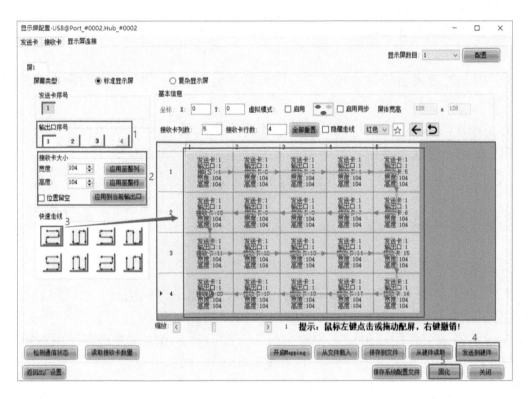

图 4-18 进行屏幕连接

（3）进入发送卡参数设置界面，进行备份设置，如图 4-19 所示。

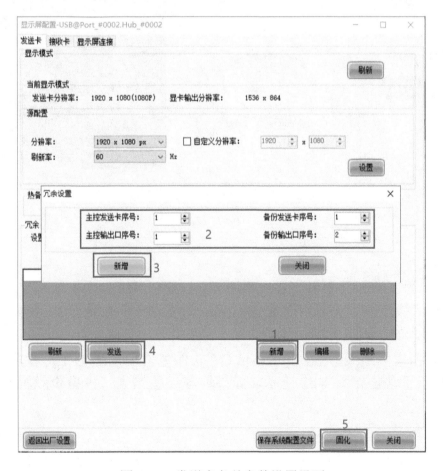

图 4-19 发送卡备份参数设置界面

① 在发送卡参数设置界面中，单击下方的"新增"按钮，弹出"冗余设置"对话框。

② 添加冗余备份信息。将"主控输出口序号"设为"1"，"备份输出口序号"设为"2"，表示输出口2是输出口1的备份。

③ 单击"新增"按钮，确认所有输出口设置正确。

④ 单击"发送"按钮，将所有设置发送至硬件，即发送卡。

⑤ 单击"固化"按钮，将冗余备份信息固化至发送卡中，即可完成备份设置。

▶▶ 4.2.3 级联发送卡之间的备份设置

1. 系统架构

依然以诺瓦星云的视频控制器 VX4S 为例，发送卡之间通过 USB 线级联，前端的视频源电脑通过视频处理器提供两个相同的视频信号分别发送至两张发送卡。第一张发送卡使用输出口 1 和输出口 2 带载屏幕，第二张发送卡使用输出口 1 和输出口 2 备份，形成闭合环路，其系统架构如图 4-20 所示。

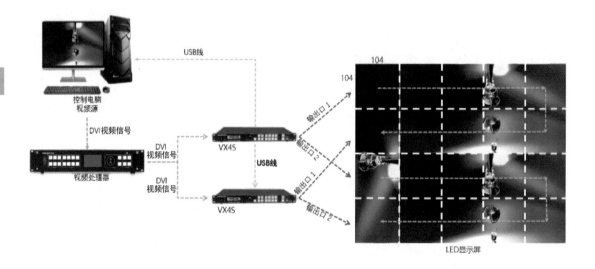

图 4-20　级联发送卡之间的备份系统架构

2. 软件设置

（1）登录 NovaLCT 软件，在主界面可看到控制系统的数量为 1。打开"设备类型总个数"对话框，可看到设备个数为 2，即发送卡的数量为 2，表示两张发送卡是级联起来的，如图 4-21 所示。

（2）根据实际连线方式，在 NovaLCT 软件中使用发送卡 1 进行屏幕连接，使屏幕显示正常，如图 4-22 所示。如果屏幕连接错误，则备份设置不能正常工作。

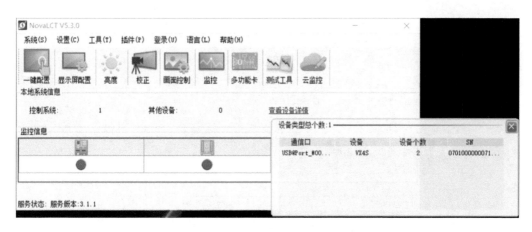

图 4-21　"单个控制系统+两张发送卡"

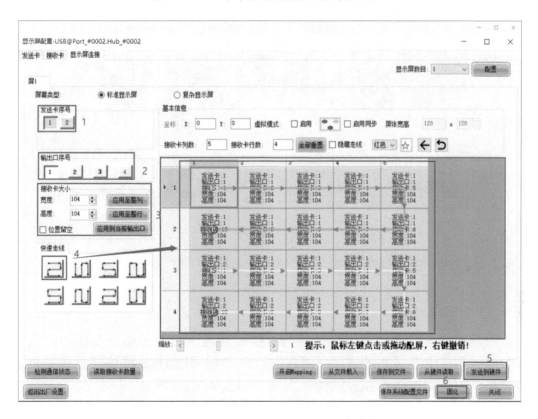

图 4-22　使用发送卡 1 进行屏幕连接

（3）进入发送卡参数设置界面进行备份设置，如图 4-23 所示。

① 在发送卡参数设置界面中，单击下方的"新增"按钮，弹出"冗余设置"对话框。

② 添加冗余备份顺序。将"主控发送卡序号"设为"1"，"备份发送卡序号"设为"2"，"主控输出口序号"设为"2"，"备份输出口序号"设为"2"，表示第二张发送卡的输出口 1 是第一张发送卡输出口 1 的备份。

③ 单击"新增"按钮，确认所有输出口设置正确。如果有更多的输出口对应关系，可同理一一添加。

④ 单击"发送"按钮，将所有备份设置发送到硬件。

⑤ 单击"固化"按钮，将冗余备份信息固化至发送卡中，即可完成备份设置。

115

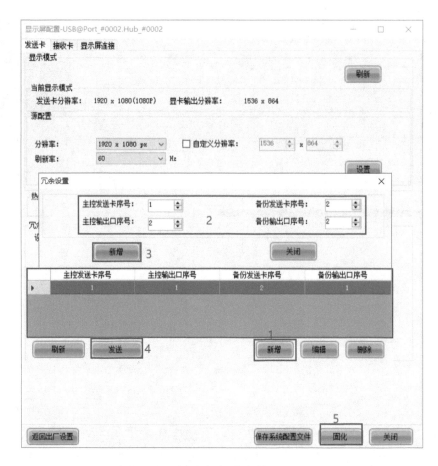

图 4-23　发送卡备份参数设置界面

4.2.4　非级联发送卡之间的备份设置

1. 系统结构

　　非级联发送卡之间的备份系统架构与级联发送卡之间的备份系统架构大致一样，主要区别在于非级联的情况下两张发送卡分别通过 USB 线连接至控制电脑，即当前系统架构存在两个独立的控制系统，如图 4-24 所示。

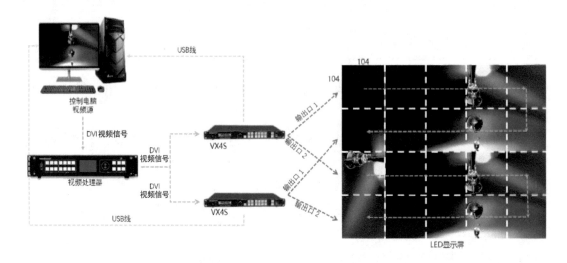

图 4-24　非级联发送卡之间的备份系统架构

2. 软件设置

（1）登录 NovaLCT 软件，在主界面中可看到控制系统的数量为 2，在"设备类型总个数"对话框中可看到系统有两个独立的通信口，发送卡的数量为 2，如图 4-25 所示。

4-25　"两个控制系统+两张发送卡"

（2）在单击 NovaLCT 软件主界面中的"显示屏配置"按钮时，弹出"显示屏配置"对话框，如图 4-26 所示。在本例中，选择通信口"USB@Port_#0002.Hub_#0002"作为主控设备，根据显示屏实际连线方式，在 NovaLCT 软件中进行显示屏连接，使屏幕显示正常，如图 4-27 所示。

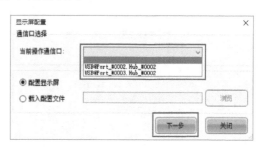

图 4-26　主控设备设置

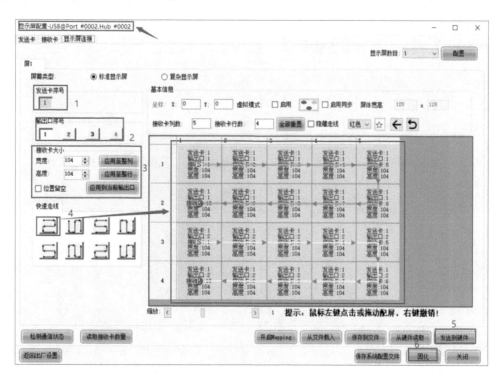

图 4-27　设置主控设备的显示屏连接

117

（3）打开发送卡参数设置界面进行备份设置，本次设置不再添加备份的对应关系，只需在界面下方的"冗余"选区中，将"设置当前设备"勾选为"设置为主控"，然后将所有设置固化，如图 4-28 所示。

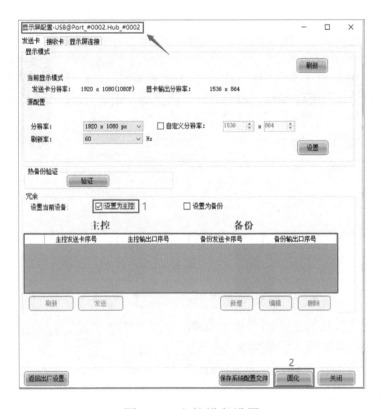

图 4-28　主控设备设置

（4）回到显示屏配置页面，选择另外一个通信口进行配置，即"USB@Port_#0003.Hub_#0002"通信口。该通信口下的发送卡为备份设备，此时需要做一遍与主控设备一模一样的显示屏连接操作，如图 4-29 所示。

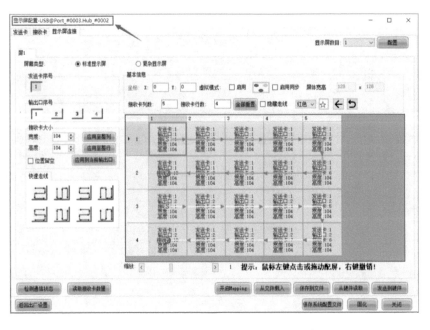

图 4-29　设置备份设备的显示屏连接

（5）再次进入发送卡参数界面进行备份设置，此时只需勾选"设置为备份"，然后将所有设置固化，如图 4-30 所示。

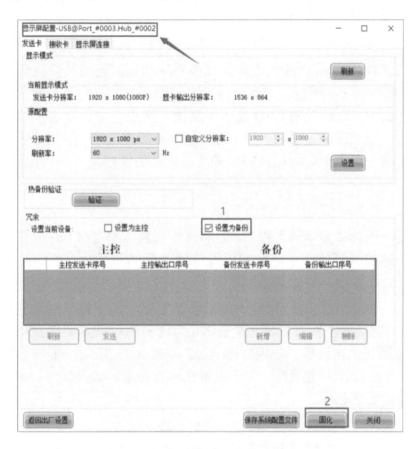

图 4-30　发送卡备份参数设置界面

4.2.5　硬件备份设置

对于非级联发送卡的备份设置，在使用硬件完成显示屏连接之后，也可以直接通过发送卡的前面板进行冗余备份的设置。这里依然以诺瓦星云的 VX4S 为例。硬件备份设置如图 4-31 所示。分别在两张发送卡的前面板依次选择"高级设置"→"冗余设置"→"设为主控"/"设为备份"。不同型号发送卡的前面板操作逻辑大致相同，具体操作可参见该型号发送卡的用户手册。

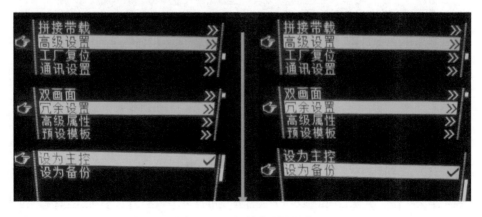

图 4-31　硬件备份设置

4.3 小型租赁现场方案介绍

近年来，LED 显示屏在各个方面的优势不断凸显，已经被广泛应用到重大节庆仪典、大型体育赛事、明星综艺表演等众多信息多元化、场景综合化、受众规模化的大型活动现场。在传统的 LED 显示屏解决方案中，由于发送卡堆砌配合视频处理器的方案已经无法满足画面多变、场景复杂的租赁现场，因此行业内逐步采用立足于视频处理，聚焦于画面切换的视频产品——切换器。

4.3.1 切换器基础概念

切换器是一种具备多种输入接口，能够进行视频信号处理，开设多个窗口并输出多路不同用途的视频信号，旨在实现提前预编图层并及时进行画面切换的一种集视频处理、画面拼接、特效切换和多画面显示于一体的高性能视频产品。

从 LED 显示屏行业内切换器的产品概念诞生起，其硬件形态和主要功能在不断迭代。目前，切换器主要有以诺瓦星云 N6 为代表的单机式切换器和以诺瓦星云 D12 为代表的插卡式切换器，分别如图 4-32 和图 4-33 所示。根据不同的场景需求，切换器可自由设计方案配置，广泛应用在体育赛事、舞美演绎、重大会议、产品发布等多类租赁场景中。

图 4-32 单机式切换器 N6

图 4-33 插卡式切换器 D12

4.3.2 切换器主要功能

切换器作为一种独立的视频产品类型，拥有众多区别于行业内传统的视频处理器等产品的功能。具体来讲，主要集中在以下几个方面。

1. 支持 PGM 显示界面和 PVW 预编界面

切换器支持 PGM 显示和 PVW 预编两种界面,当进行画面切换和节目编辑时,首先在 PVW 预编界面进行节目的编辑和场景的布置,按照现场需要完成编辑布置后完成上屏操作。此时,PVW 预编界面的内容覆盖 PGM 显示界面原有的内容,LED 显示屏将显示切换后的视频画面。此时,在 PVW 预编界面中再次进行节目的编辑,并不影响 LED 显示屏的显示效果,待下次完成上屏操作后,LED 显示屏屏体画面才会改变。PVW、PGM 与 LED 显示屏实时显示画面示意图如图 4-34 所示。

预监显示屏

LED显示屏

图 4-34　PVW、PGM 与 LED 显示屏实时显示画面示意图

2. 支持多路视频信号输入

切换器支持多路视频信号输入,一般包括目前 LED 显示屏行业内主流的视频信号接口,如 DVI 接口、HDMI1.3 接口、DP1.1 接口、HDMI1.4 接口等,支持 1920像素×1080 像素@60Hz、1920 像素×1080 像素@60Hz、3840 像素×2160 像素@30Hz、3840 像素×2160 像素@30Hz 等输入。根据不同的产品型号,切换器所支持的输入信号格式存在一定差异。但在功能的实现方式上,均为视频信号由切换器特定的接口识别,并通过软件端/硬件端自由实现输入信号的选用和调配。

以诺瓦星云的单机式切换器 N6 为例,INPUT 区域为视频输入接口,如图 4-35所示,由 INPUT-A~INPUT-C 依次为 DP1.1、3G-SDI、HDMI1.3,由 INPUT-D~INPUT-G 为 4 路 DVI,INPUT-H 为 3G-SDI。

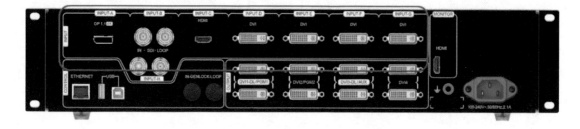

图 4-35　单机式切换器 N6 的视频输入接口

以诺瓦星云 D12 为代表的插卡式切换器,区别于单机式切换器固定的视频输入接口。插卡式切换器的视频输入接口可以有更多的选择,根据不同的场景需求,可以在固定的数量限制下任意组合输入板卡的型号。插卡式切换器 D12 的视频输

入接口如图 4-36 所示。

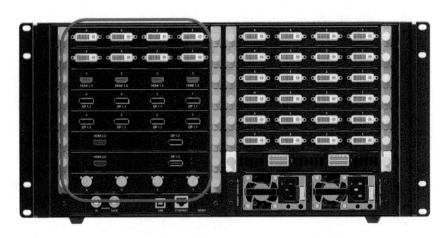

图 4-36　插卡式切换器 D12 的视频输入接口

3. 支持多窗口显示和多场景保存

切换器支持同时开设多个显示窗口，分别给各个显示窗口配置输入信号，并在产品规范的区间内任意调节其显示大小和显示区域。结合切换器不同的产品型号，所能支持的最大的窗口数量存在一定的差异。在根据现场需求设置好固定的窗口配置后，可以选择将设置结果保存为固定的场景，当需要该场景时直接调用。切换器所能保存的场景数量取决于具体的切换器型号。

在如图 4-37 所示的现场中，共有 1 块中心大屏，两侧各有 1 块小屏。用 1 台切换器进行视频信号处理时，共配置 6 个图层，左右两侧小屏各配置 1 个图层，中心大屏配置 4 个图层，统一由 1 台切换器进行视频信号的处理。

图 4-37　多图层场景示意

4. 支持多路视频信号同步输出

切换器支持多路视频接口输出，如 DVI 接口、HDMI 接口，各个输出接口之间采用帧同步技术，确保各个接口输出的图像画面完全同步、流畅播放，无卡顿丢帧情况。整体而言，切换器可以做到 LED 屏体画面无撕裂和拼缝现象。

在传统的 LED 显示屏方案中，若只采用发送卡加视频处理器的方案，对于一些超大屏而言，不同发送卡之间所带载的区域存在明显的视频信号不同步、撕裂、拼缝现象，如图 4-38 所示。在该显示屏画面中，4 张发送卡所带载的区域间存在明显的撕裂现象，无法正常显示均匀连续的图像。

采用切换器加发送卡的方案后，不同发送卡带载区域间的视频信号不同步现象基本消除，如图 4-39 所示，LED 显示屏呈现一张均匀完整的人脸画面。

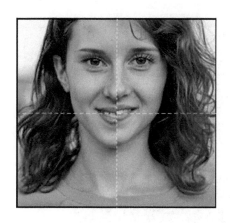 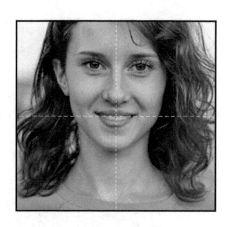

图 4-38　显示屏画面存在撕裂感　　　　图 4-39　LED 显示屏画面正常显示

5．支持预监和 AUX 回显

切换器支持预监功能，在预监界面中，可以直接调用所有已经连接的输入源信号、PVW 界面和 PGM 界面。此时，在预监界面中会自动叠加显示输入分辨率和帧频等信息，该功能的意义在于实时同步监视输入信号、预编辑区域、上屏区域的显示状态。液晶显示屏显示预监界面如图 4-40 所示。

切换器还支持与预监功能相对应的 AUX 回显功能，该功能将选定的信号源不经过视频处理直接输出至连接的显示器进行显示，常见的使用场景为发布会现场的提词器等。

在硬件连接上，预监及 AUX 回显需要固定的视频输出接口。对于单机式切换器而言，通常设备后面板会常规化配置对应的接口；对于插卡式切换器而言，需要安插对应的预监板卡和 AUX 板卡才能实现相应的功能。

图 4-40　液晶显示屏显示预监界面

▶ 4.3.3　切换器主要应用场景

切换器作为一种为适应租赁现场而诞生的产品，它的应用主要集中在重大节庆仪典、大型体育赛事、明星综艺表演等周期性的大型活动现场。随着活动主办方对现场 LED 显示屏显示效果要求的不断提升，切换器在此类场景的应用频率也大幅增加。

　　某在线购物平台的营销晚会采用切换器加控台的方案，营造了十分精彩的现场效果，如图 4-41 所示。

图 4-41　切换器加控台方案的现场应用

　　当然，对于活动现场一套完整的切换器方案而言，精彩的显示效果通常会涉及一系列以信号接口为基础的复杂链路，图 4-42 所示为某活动现场中切换器方案的系统拓扑图。

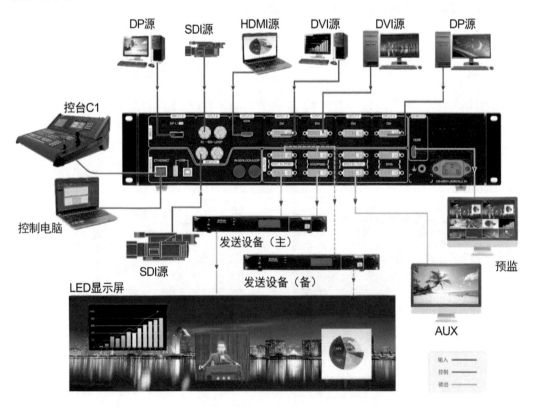

图 4-42　某活动现场中切换器方案的系统拓扑图

在上述以诺瓦星云 N6 为核心的切换器方案中，前端为控制电脑和诺瓦星云的控台 C1，负责切换器的控制。共有由不同电脑提供的 DVI 视频信号、HDMI 视频信号、DP 视频信号，以及专业摄影机提供的 SDI 视频信号在内的 7 路视频信号同时接入切换器，由切换器根据现场需求选择调配。在切换器后端，两张发送卡接收来自切换器 DVI 视频输出接口所提供的 DVI 视频信号，并共同带载一块完整的 LED 显示屏。在该 LED 显示屏上开设 4 个图层，分别来自电脑提供的 DVI 视频信号、HDMI 视频信号、DP 视频信号，以及现场专业摄影机提供的 SDI 视频信号，切换器将上述信号依次分配给 4 个图层。同时，一台液晶显示屏接收切换器输出的 AUX 回显信号，实时查看由电脑 DP 视频源提供的画面；另一台液晶显示屏接收切换器预监 HDMI 接口输出的预监信号，实现对现场画面及输入信号的监视查看。

4.3.4　切换器主要状态获取

作为一款性能强大、功能复杂的 LED 显示屏行业专业级设备，用户在使用时，存在及时获取设备功能状态的操作需求。因此，目前行业内主流的切换器均拥有一套液晶显示面板，切换器实时的功能状态可以通过液晶显示面板直接获取。

不同的切换器在性能上存在一定差异，但液晶显示面板所显示的信息基本相同，切换器前面板信息示意图如图 4-43 所示。下文以诺瓦星云的单机式切换器 N6 为例，具体介绍切换器液晶面板主要部分的内容。

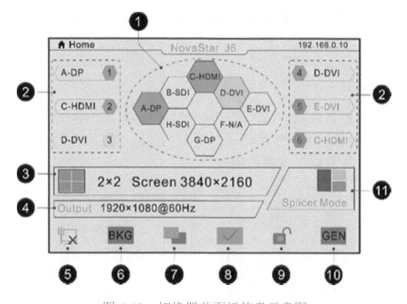

图 4-43　切换器前面板信息示意图

1．输入源信息查看

该区域表示切换器目前各个输入源接口视频信号输入的情况。接口标识共有透明、半透明、高亮 3 种状态。其中，透明表示该输入接口无信号；半透明表示该输入接口有信号，但未被使用；高亮表示该输入接口有信号，且已被正常使用。

2．窗口信息查看

该区域表示切换器各个窗口的开启状态和所配备的输入源信号。窗口标识共有透明、半透明、高亮 3 种状态。其中，透明表示该窗口未开启，并显示窗口最近一次设置的输入源；半透明表示窗口已开启，但输入源无信号，并显示窗口最近一次设置的输入源；高亮表示窗口已开启且输入源有信号，并显示当前窗口输入源。

3. 屏体信息查看

该区域表示当前切换器后端的 LED 显示屏的屏体结构和屏体大小。

4. 输出信息查看

该区域表示当前切换器单个输出接口的输出分辨率大小。

5. 连接信息查看

该区域表示切换器与前端上位机或控台的连接状态，主要有 USB 连接、网口连接及未连接 3 种状态。

6~10. 功能信息获取

该区域可以依次查看 BKG、切换特效、显示控制、按键锁、Genlock 等切换器部分功能的开关状态。

11. 系统模式查看

部分切换器支持拼接器模式和切换台模式，通过该区域可以查看当前处于哪种模式。

▶ 4.3.5 切换器操作逻辑介绍

切换器作为一款视频类产品，其产品功能主要集中在视频信号的处理、拼接、切换中，与 LED 显示屏的功能性调试与控制的关联度较低。因此，切换器的操作逻辑比较简单，主要有以下关键步骤。

1. 屏体配置

屏体配置是指根据切换器向后端提供视频信号的发送卡的数量，确定屏体分区的数量。每个分区对应一个切换器向发送卡提供视频信号的接口。根据发送卡实际带载 LED 屏体不同区域之间的拼接关系，确定屏体分区的结构，发送卡所带载的区域与屏体分区的区域保持一一对应关系。屏体结构与屏体对应关系如图 4-44 所示。

屏体结构配置流程示意图如图 4-45 所示。

图 4-44 屏体结构与屏体对应关系

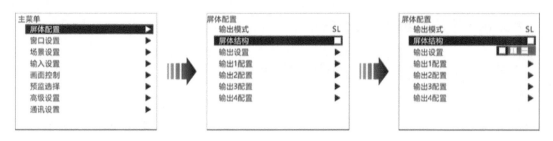

图 4-45　屏体结构配置流程示意图

确定屏体分区的结构后，需要确定屏体每个分区的宽度、高度，进而确定 LED 屏体的宽度、高度，完成屏体的配置。需要注意的是，当两个或两个以上接口水平拼接时，调整其中一个接口的高度，其他接口的高度同时改变，但可以调整单个接口的宽度。当两个或两个以上接口垂直拼接时，调整其中一个接口的宽度，其他接口的宽度同时改变，但可以调整单个接口的高度。输出大小配置流程示意图如图 4-46 所示。

图 4-46　输出大小配置流程示意图

2. 开窗给源

完成屏体配置后，需要根据现场的实际需求开设一定数量、一定布局的窗口，并为每个窗口配置固定的视频源信号。其中，窗口之间的视频源信号可以重复，但一个窗口只能有一个视频源信号。开窗给源流程示意图如图 4-47 所示。

图 4-47　开窗给源流程示意图

在进行窗口的开设和布局时，每个窗口的位置可以根据现场的实际需求任意调整移动。每个窗口的大小均取决于切换器具体的产品性能。

3. 场景调用

在完成窗口大小、布局、视频源的设置后，根据现场需求，可将对应的设置保存为固定的模板。此时，此前所设定的窗口大小、布局及视频源等信息将保存在切换器的场景中，待活动中需要某种模板中保存的窗口设定时，只需选择场景加载即

127

可。场景调用流程示意图如图 4-48 所示。

图 4-48 场景调用流程示意图

4．预编上屏

在选择上屏之前，所有操作均在 PVW 预编界面进行，不会引起屏体显示内容的改变。在编辑好显示内容后，进行上屏操作，即可完成 PVW 预编界面的内容覆盖 PGM 显示界面的内容，LED 显示屏完成画面内容的切换。

目前，完成预编上屏操作有 3 种方式。

① Take：将 PVW 界面的画面切换至 PGM 界面实现上屏显示，支持淡入淡出特效，可以实现切换速度的自设置。

② T-bar：将 PVW 界面的画面手动切换至 PGM 界面实现上屏显示，为手动控制的方式，支持手动切换淡入淡出特效的速度，需要控台实施。

③ 直切：直接将 PVW 界面的画面切换至 PGM 界面实现上屏显示，无任何特效。

▶ 4.3.6 切换器控制平台简介

由于切换器涉及的现场环境相对复杂、场景较多，依靠切换器前面板的操作无法满足现场对显示效果复杂的设计需求。因此，行业内针对切换器设计了专业的操作软件和控台。下文以诺瓦星云的切换器控制软件 V-Can 和控台 C3 为例介绍。

1．切换器控制软件 V-Can

V-Can 是一款基于 Windows 和 MAC 平台的能够对切换器等视频产品进行控制的软件。V-Can 软件界面示意图如图 4-49 所示。在诺瓦星云的切换器控制软件 V-Can 中，PGM 与 PVM 为两个独立的界面。此时，LED 显示屏的实际显示状态为 PGM 的画面效果，PVM 界面的任意操作不会对 LED 显示屏的显示效果产生影响。

相较于借助切换器前面板操作控制的方式，V-Can 软件的功能优势主要集中在以下几点：

① 软件操作界面简单。

② 完全可视化操作，易于使用和操控。

③ 支持在 Windows、MAC 操作平台使用。

④ 支持同时连接多台切换器。

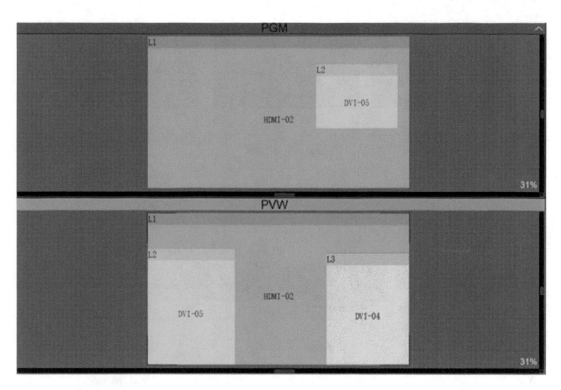

图 4-49　V-Can 软件界面示意图

2. 控台 C3

控台又称桌面控制台，一般通过网线与切换器连接配合使用。控台的作用是将切换器的所有功能以按键的形式排布在操作面板中，以便对视频切换器主机的统一操控与管理，将切换器的软件功能以硬件的方式呈现。图 4-50 所示为控台 C3。

图 4-50　控台 C3

传统的上位机控制软件 V-Can 或切换器设备前面板按键的操作空间过于狭小，特别是在现场使用过程中，面对紧急突发操作时，软件端或设备前面板操作极为不便，且出错率高。而在使用控台时，所有的软件功能均以按键的形式呈现，操作直观简便。使用控台 C3 的系统架构示意图如图 4-51 所示。

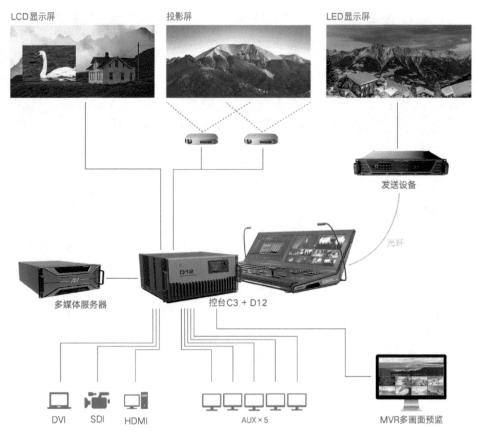

LCD显示屏　　　　　　投影屏　　　　　　　LED显示屏

发送设备

光纤

多媒体服务器　　　　　控台C3 + D12

DVI　　SDI　　HDMI　　　　　AUX × 5　　　　　MVR多画面预监

图 4-51　使用控台 C3 的系统架构示意图

另一方面，控台可以实现全方位的节目预览和输入、输出预监，可以实时查看现场所有输入信号源及 LED 显示屏的显示内容。同时可以进行节目上屏前的预编辑与预览，确保现场操作安全性更高。随着各类活动对专业性的要求越来越严格，控台的使用率越来越高，已成为高端租赁现场标志性产品之一。

4.4　远距离传输方案介绍

4.4.1　远距离传输的应用场景

LED 显示屏控制系统的信号一般利用网线进行传输，而大型现场由于场地大、设备多等因素，将设备统一放置在指定位置，因此使控制器与接收卡之间的距离变远。而一般网线的传输距离约 80m，如果使用这种传输方式，则会因为传输过程中信号衰减或信号反射出现干扰，导致屏幕在播放过程中出现部分黑屏、闪屏等故障。

除此之外，视频源与控制器或视频处理器之间的距离过长也是需要解决的问题。普通 DVI 线的最大传输距离只有 5m，HDMI 线的传输距离约 30m。当超出这一范围后，信号在传输过程中就会产生衰减，导致屏幕在播放过程中出现闪屏、闪点等故障。

综上所述，在大型活动现场中，要解决远距离传输问题需要解决两类线材过长产生的信号衰减问题，即网线、视频线过长。通常业内的处理方式如下。

1. 利用光电转换器完成网线远距离传输

光电转换器，又称光纤收发器，常见的光电转换器架构如图 4-52 所示。控制器将所要显示的画面内容先转换为电信号，电信号通过网线传输至光电转换器，光电转换器将电信号转换为光信号，然后光信号通过光纤进行远距离传输，最后通过另一台光电转换器将光信号转换为电信号传输至接收卡，最终在 LED 显示屏中显示画面。

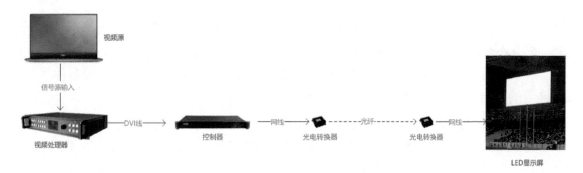

图 4-52　常见的光电转换器架构

2. 利用光纤视频传输完成视频信号的远距离传输

常见的光纤视频传输架构如图 4-53 所示。以 DVI 信号传输为例，视频处理器将 DVI 信号传输至 DVI 转光纤设备，DVI 转光纤设备如图 4-54 所示，通过转换，DVI 信号被转换为光信号，利用光纤进行远距离传输。之后在另一头将光信号转换为 DVI 信号传输至控制器，由控制器将信号处理后传输至接收卡，最终在 LED 显示屏中显示画面。

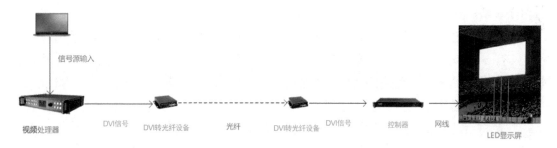

图 4-53　常见的光纤视频传输架构

图 4-54　DVI 转光纤设备

利用光纤进行远距离传输，可以利用光纤在传输过程中抗干扰能力强，传输距离长的特性将信号稳定传输至对应端，满足大屏幕与设备或信号源距离过远的现场。而且光纤传输频带宽、通信容量大，保密性强的特性也使以上两种传输方案可在特殊环境中使用。

4.4.2 远距离传输方案

随着 LED 显示屏的应用领域不断扩展、项目越来越大，远距离传输已经成为 LED 显示屏控制系统中必不可少的一部分，业内有多种通用的光纤解决方案及配套设备。这些设备通用易得、适用范围广，有效地解决了大部分规模一般的项目的问题。但是对于一些重要的场合或重大的项目，为了避免设备的兼容性等不确定因素，减少不同厂家、不同硬件平台等造成的潜在风险，大多数时候需要使用全套的显示解决方案，当然也包含其中的远距离传输方案。因此，业内各厂家设备除了支持通用的光纤设备，也会开发各自的专用设备。

诺瓦星云为解决远距离传输问题，设计了一系列光纤传输设备以适应不同的应用场景，如光电转换器 CVT310/CVT320、CVT-Rack310/CVT-Rack320、CVT10、CVT4K 等。除此之外，部分高端 LED 发送卡本身集成光纤接口，可以直接输出光纤信号，如 MCTRL4K、H 系列产品等。还有一些 LED 控制器具有光电转换模式，可以自由地在控制器和光电转换器之间切换工作模式，一机两用，为终端用户尤其是租赁用户降低了成本，如 MCTRL660 PRO、K16 等。

根据光纤接口的传输速率的不同，光电转换器可分为多种不同规格，常见的有 1 对 1、1 对 8、1 对 10 等。当传输速率为 1.25Gbit/s 时，光电转换器为 1 对 1 型，即 1 个光纤接口对应传输 1 个网口的数据；当传输速率为 9.9Gbit/s 时（也称为 10G 光纤），光电转换器为 1 对 8 型，即 1 个光纤接口对应传输 8 个网口的数据；当传输速率为 11.3Gbit/s 时，光电转换器为 1 对 10 型，即 1 个光纤接口对应传输 10 个网口的数据。

以 CVT310/CVT320 为例，CVT310/CVT320 为 1 对 1 的光电转换器，在其面板中只有一个网口和一个光纤接口，可以将一路光纤转换成一路网线，或者将一路网线转换成一路光纤，适用于网线数量较少，距离长的场景。在稍微大一点的项目中使用此类设备就会使系统变得过于复杂。例如，某项目使用 K16 带载 LED 显示屏，如果将 K16 的 16 路输出网口全部传输出去，则需要使用 16 对共 32 台 CVT310/CVT320，CVT310/CVT320 系统架构如图 4-55 所示。该方案所需要的设备过多，会导致可能出现问题的节点增加。在现场安装时，设备与网线数量较多，也会导致系统架构臃肿。

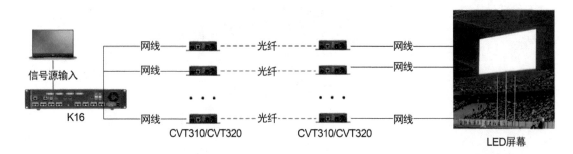

图 4-55 CVT310/CVT320 系统架构

对于大型活动现场，此类方案明显不是最佳方案。为了简化大型现场的远距离布线，解决系统架构臃肿的问题，可选用传输速率更高的型号。

如选用 CVT10 等类型产品，其为一种 1 对 10 的光电转换器，既可以作为传统光电转换器，满足 10 网口的光电转换需求，又可以直接与集成了光纤接口的发送卡相互配合，直接将发送卡输出的光信号转换为电信号，并根据发送卡每个光纤接口对应的网口数量决定转换后的输出网口数量。CVT10 双设备架构如图 4-56 所示，CVT10 单设备架构如图 4-57 所示。以 K16 为例，因为 K16 的每个光纤接口对应 8 个网口，所以当 CVT10 与 K16 通过光纤连接后，CVT10 变为 8 网口输出设备。

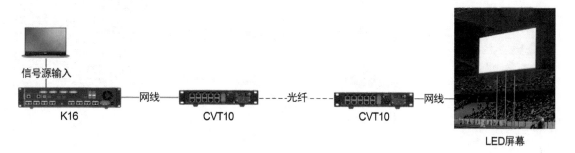

图 4-56　CVT10 双设备架构

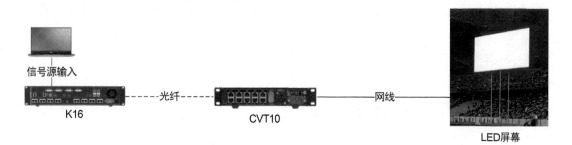

图 4-57　CVT10 单设备架构

对于大型的重要项目，还可以选用更专业的产品：CVT4K。它不仅支持 4 路光纤接口，每个光纤可传输 8 路网口，4 路网口间还支持 2 主 2 备，更加方便现场布线及设置备份。除此以外，一些控制器也集成了光纤接口备份功能，如 MCTRL1600、MCTRL4K、K16 等，光纤备份架构如图 4-58 所示。

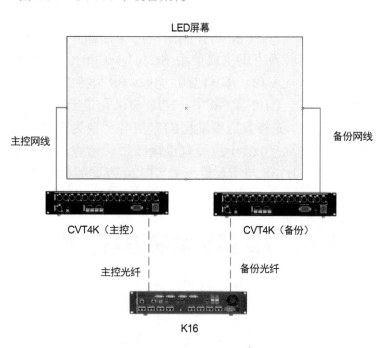

图 4-58　光纤备份架构

133

4.4.3 光电转换方案调试

在一个发送卡选用 MCTRL1600、拼接器选用 E3000 的方案中，用户使用 3 台 MCTRL1600 作为发送卡，3 台 MCTRL1600 作为光电转换器，案例架构如图 4-59 所示。方案中光模块使用 10G SFP Module-S，OS1 单模双芯光纤。整体调试过程只需要将 3 台 MCTRL1600 在前面板上设置为光电转换模式，模式切换操作步骤如图 4-60 所示，其余都是即插即用。

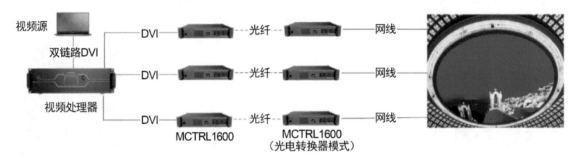

图 4-59　案例架构

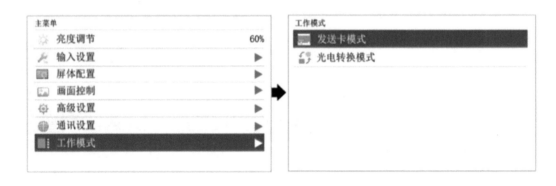

图 4-60　模式切换操作步骤

除诺瓦星云之外，各控制系统厂家也都开发了相关的光电转换设备。例如，灵星雨的光电转换方案主要使用 SC801/MC801。该类产品为单网口转换，系统架构与诺瓦星云 CVT310/CVT320 类似。卡莱特的光电转换方案主要使用光电转换器 H2F、H16F、H10FN。其中，H2F 与诺瓦星云 CVT10 类似，即可通过两台设备与发送卡配合，先将发送卡输出的电信号转换为光信号进行传输，再将光信号转换为电信号输出至接收卡，也可直接接收发送卡输出的光信号，将其转换为电信号输出至接收卡。H16F 与诺瓦星云 CVT320 方案架构类似，H10FN 与 CVT10 类似。

4.5　3D 显示解决方案介绍

4.5.1 3D 显示技术简介

现在越来越多的 LED 显示屏项目将支持 3D 功能作为招标的标准配置功能，未来具备 3D 显示功能的 LED 显示屏必将成为重要的应用场景。

　　3D 成像是靠两眼的视觉差产生的。人的两眼之间一般有 8cm 左右的距离，通过两眼看到的物体产生一定的视觉差，从而在人脑中形成 3D 画面。人要看到 3D 影像，就必须使左眼和右眼看到不同的影像，使两副画面产生一定的差距，即模拟实际人眼观看时的情况，3D 的感觉由此而来。

　　所以，无论何种 3D 成像，它们的基本原理都是通过特殊的屏幕结构、眼镜或者其他设备等方法，将观看者左右眼的内容区别开，使两只眼睛可以分别获得左眼和右眼的图像，最后人脑自动将两个画面合成有立体感的 3D 画面。根据需不需要特殊眼镜来区分，3D 显示技术可以分为眼镜式和裸眼式两种。眼镜式 3D 显示技术可分为色差式、快门式和偏振式（又称色分法、时分法、光分法）3 种，色差式 3D 显示技术原理图、偏振式 3D 显示技术原理图如图 4-61 所示。裸眼式 3D 显示技术可分为透镜阵列、屏障栅栏和指向光源 3 种，每种技术的原理和成像效果都有一定的差别。本节介绍 LED 显示屏显示 3D 效果的技术及简单项目的调试方法。

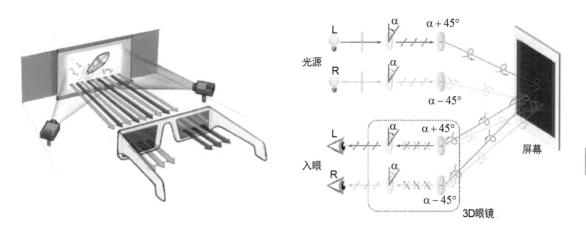

图 4-61　色差式 3D 显示技术原理图、偏振式 3D 显示技术原理图

　　目前，LED 显示屏多采用快门式技术来实现 3D 效果。该技术主要通过提高画面的刷新率来实现 3D 效果，通过把图像按帧一分为二，形成对应左眼和右眼的两组画面，使其连续交错显示出来。同时，信号发射器同步控制快门式 3D 眼镜的左右镜片的开关，使左右眼能够在正确的时刻看到相应的画面。快门式 3D 显示技术原理图如图 4-62 所示。

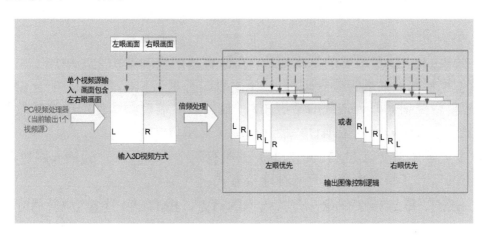

图 4-62　快门式 3D 显示技术原理图

4.5.2 3D 显示技术的系统架构

LED 显示屏为实现 3D 效果的显示，其系统架构比普通的系统架构更复杂，主要有两方面：

① 必须有可以播放并处理 3D 视频源的视频设备和 LED 显示屏控制器。

② 有发送 3D 信号的发送设备和接收 3D 信号的眼镜。

具体到 LED 显示屏有如下要求。

1. 硬件要求

（1）3D 视频源设备。

电脑、视频处理器、视频拼接器等用于提供 3D 视频源的设备选型，需考虑屏体大小、控制器的输入源接口、项目使用的 3D 模式。

（2）LED 显示屏控制器。

支持 3D 视频源处理的 LED 显示屏控制器的作用是将前端 3D 视频处理后传输到屏幕端。需要注意的是，并不是所有的 LED 显示屏控制器都支持 3D 功能。另外，还需要根据屏体大小决定使用一台或多台同型号的设备。

（3）接收卡及屏体。

理论上所有的接收卡都支持 3D 功能，但在项目设计的时候必须考虑 3D 工作模式下接收卡带载量会减小的问题。设置屏体走线时需要结合主控设备的带载能力及 3D 模式统筹考虑。

（4）3D 发射器。

3D 发射器的作用是将控制器处理后的 3D 信号发送给 3D 眼镜，使 LED 显示屏和 3D 眼镜同时切换左右眼画面。所以该设备是实现 3D 效果的必备设备之一，如诺瓦星云 EMT200 或第三方发射器。

（5）3D 眼镜。

3D 眼镜是接收 3D 换场信号的设备，通过 3D 眼镜控制左右眼镜片的开启或闭合实现与 LED 显示屏的同步。该设备也是实现 3D 效果的必备设备之一，如诺瓦星云 MX50 或第三方眼镜。

2. 系统连接

3D 效果的 LED 显示屏的基本架构，在原有基础控制架构之上增加了 3D 发射器，以及使用特殊的前端视频处理设备。下文以诺瓦星云 MCTRL1600 配合 EMT200 为例讲解单台控制器即可带载的常规 3D 项目，且前端视频源使用电脑播放即可。对于更复杂的大型、浸入型项目将会在高级课程中讲解。

3D 发射器（下文以 EMT200 为例）一般有两个网口，一个为输入网口，另一个为输出网口，在整个系统中有两种连接方式。

（1）EMT200 连接在任意一张接收卡的后方，EMT200 连接方式一如图 4-63 所示。

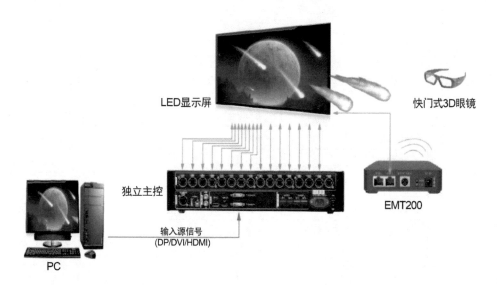

图 4-63　EMT200 连接方式一

（2）EMT200 连接在 LED 显示屏控制器和接收卡之间，任一网口均可，EMT200
连接方式二如图 4-64 所示。

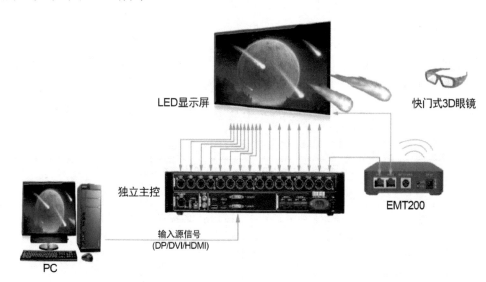

图 4-64　EMT200 连接方式二

▶▶ 4.5.3　系统带载能力的限制条件

1. LED 显示屏控制器带载限制

LED 显示屏控制器单网口带载的计算公式为

1Gb×网口有效率=单网口带载能力×帧频×（红色位深+绿色位深+蓝色位深）

　　在正常视频源格式下，视频源的帧频是 60Hz。此时算出的单网口带载能力是
65 万像素点。但是在快门式 3D 显示技术下，LED 显示屏控制器会将原来的 60Hz
视频源裁剪为左眼视频和右眼视频，然后将两个 60Hz 的视频叠加生成一个 120Hz
的特殊视频源。通过上面的公式可以得出：此时单网口的带载能力需要减半处理，
即单网口带载能力为 32.5 万像素点。以诺瓦星云为例，各主控 3D 带载及支持 3D
功能的版本要求如表 4-1 所示。

137

表 4-1　各主控 3D 带载及支持 3D 功能的版本要求

主控型号	2D 下带载/像素点	3D 下带载/像素点	是否支持缩放	程序版本
MCTRL1600	920 万	460 万	否	V1.0.2.0 及以上
MCTRL4K	880 万	440 万	否	V1.2.4.0 及以上
K16	1040 万	520 万	是	V1.1.0.0 及以上
VX16	1040 万	520 万	是	V1.0.0.0 及以上
NovaPro UHD Jr	1040 万	520 万	是	V1.1.0.0 及以上
H 系列	1040 万/1300 万（单张二合一输出板卡 16/20 网口）	520 万/650 万（单张二合一输出板卡 16/20 网口）	是	V1.0.0.0 及以上
V1260	1040 万	520 万	是	仅 V1.1.0.3 支持

　　由于各型号 LED 显示屏控制器、二合一设备在输入源接口及 3D 功能的实现模块是不同的，所以不同型号的主控设备在配置 3D 方案及参数时也会有一些差异，具体差异需查看产品手册。

2. 接收卡带载限制

　　理论上接收卡都是支持 3D 功能的，但是由于帧率的提高，一般情况下接收卡在 3D 项目中带载都需要减少，具体减少数值与接收卡工作模式、输入源位深、灯板芯片类型等有关。以诺瓦星云为例，各型号接收卡 3D 功能带载参数如表 4-2 所示。

表 4-2　各型号接收卡 3D 功能带载参数

接收卡	常规带载/像素点	PWM 芯片 3D 带载/像素点	通用芯片 3D 带载/像素点（960Hz 4096 级灰度级数）	程序版本
A5s Plus	384×512（8bit 源） 384×256（12bit 源）	16 组：416×256 20 组：320×256 24 组：384×256 28 组：384×256 32 组：432×256	16 组：352×256 20 组：240×256 24 组：272×256 28 组：320×256 32 组：352×256	V4.6.3.0 及以上
A7s/ A7s Plus	512×256	16 组：256×256 20 组：192×256 24 组：192×256 28 组：224×256 32 组：256×256	16 组：208×256 20 组：160×256 24 组：176×256 28 组：208×256 32 组：208×256	A7s V4.6.1.0 及以上/ A7s PlusV4.6.2.0 及以上
A8s	384×512	16 组：384×256 20 组：320×256 24 组：336×256 28 组：336×256 32 组：384×256	需定制支持 16 组：320×256 20 组：224×256 24 组：256×256 28 组：304×256 32 组：336×256	V4.6.5.0 及以上

接收卡	常规带载/像素点	PWM 芯片 3D 带载/像素点	通用芯片 3D 带载/像素点（960Hz 4096 级灰度级数）	程序版本
A9s	512×512	16 组：256×512 20 组：200×512 24 组：240×512 28 组：280×512 32 组：320×512	16 组：256×512 20 组：160×512 28 组：192×512 28 组：224×512 32 组：256×512	V4.5.3.0 及以上
A10s Plus	512×512	16 组：256×512 20 组：200×512 24 组：240×512 28 组：280×512 32 组：320×512	16 组：256×512 20 组：160×512 28 组：192×512 28 组：224×512 32 组：256×512	V4.6.0.0 及以上
MRV316	256×512（8bit 源） 256×256（12bit 源）	16 组：256×256 20 组：192×256 24 组：192×256 28 组：224×256 32 组：256×256	16 组：208×256 20 组：160×256 24 组：176×256 28 组：208×256 32 组：208×256	V4.6.2.0 及以上
MRV210/220/300/560	256×256	10 组：160×256 12 组：192×256 14 组：224×256 16 组：256×256	10 组：120×256 12 组：144×256 14 组：168×256 16 组：192×256	V4.6.0.0 及以上

接收卡带载注意事项如下：

（1）接收卡的带载量根据固件程序版本的更新会有一定的变化，此处各型号的接收卡带载量仅供参考，以接收卡最新固件版本的带载量为准。

（2）一些特殊的驱动芯片在进行 3D 设置时需要特别注意，如 2055/2059、2065/2069。在开启 3D 效果时，需要将扩展属性中的去帧间隔模式打开，另外，一些暂时不支持场频自适应的驱动芯片需要定制特殊程序支持。

（3）表 4-2 中不包含的接收卡型号或其他公司的接收卡产品如果用于 3D 项目，在计算接收卡带载时可以参考接收卡带载减半处理。

（4）在设计接收卡方案时，不仅需要考虑接收卡的总带载能力，还需要考虑每一组数据的带载能力，两者都不能超过限制。

4.5.4　3D 视频源的分类

播放 3D 视频必须使用 3D 视频源，左右格式的视频源如图 4-65 所示，图 4-65 中的视频源是较常见的左右格式的视频源。在任何一帧画面中都分为左、右两个画面，仔细观察可以发现这两个画面并不是相同的，即一个为左眼的画面，另一个为右眼的画面。所以它的分辨率比普通的视频源的分辨率大一倍，比如标准 1080P 大小的左右格式 3D 视频源，其每一帧的实际分辨率为 3840 像素×1080 像素（左眼

1920 像素×1080 像素，右眼 1920 像素×1080 像素）。类似的还有上下格式的 3D 视频源，即左右眼画面是上下排列的，所以标准 1080P 大小的视频源分辨率为 1920 像素×2160 像素。还有一种视频源的格式叫作前后格式也称为连续帧格式，该格式是将左眼画面和右眼画面切割后按奇偶顺序叠加后得到的，所以这种视频源本身已经是 120Hz 的帧率了。

图 4-65　左右格式的视频源

▶▶ 4.5.5　3D 显示的设置

下文以诺瓦星云 MCTRL1600 为例介绍 3D 显示的设置步骤。按照图 4-63 或图 4-64 所示的系统连接方式将 MCTRL1600 和 EMT200 连接成控制系统，对于接收卡无具体型号限制。在整个方案实施的过程中要时刻注意控制器单网口带载能力减半，接收卡带载能力及每组数据带载能力均相应减半计算。

MCTRL1600 的两种类型的输入源接口分别为 DVI、DP，如图 4-66 所示。不同类型的输入源接口在实现 3D 功能时对输入源的要求及参数设置是不同的，针对 DVI、DP 两种输入源接口在实现 3D 功能时的设置将分别进行介绍。

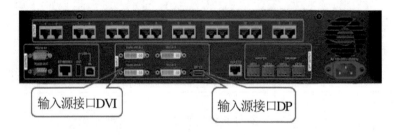

图 4-66　MCTRL1600 的输入源接口 DVI 和 DP

1. DP 接口下 3D 功能设置

对输入源的要求：在 DP 接口下根据视频源格式不同有三种情况。

（1）当视频源为左右格式时（输入源为 50Hz 或 60Hz），需要输入源的分辨率为屏体宽的两倍，如屏幕实际尺寸为 1920×1080 时，输入源尺寸必须为 3840×1080。

（2）当视频源为上下格式时（输入源为 50Hz 或 60Hz），需要输入源的分辨率为屏体高的两倍，如屏幕实际尺寸为 1920×1080 时，输入源尺寸必须为 1920×2160。

（3）当视频源为前后帧格式时（输入源为 100Hz 或 120Hz），输入源的分辨率与屏体大小保持相同，如屏幕实际尺寸为 1920×1080 时，输入源尺寸必须为 1920×1080。

DP 接口使用举例：单台 MCTRL1600 使用 DP 接口带载屏体显示一幅 3D 画面。

硬件连接完成后通过 NovaLCT 软件设置。在 NovaLCT 软件的"显示屏配置-COM99"对话框中设置发送卡，勾选"发送卡"选项卡中的"启用 3D"复选框，单击"设置 3D 参数"按钮进入具体设置，开启设置 3D 界面如图 4-67 所示。

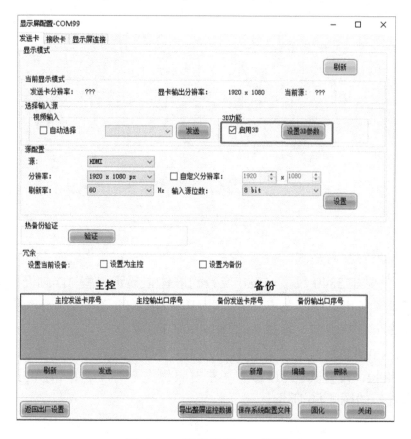

图 4-67 开启设置 3D 界面

进入发送卡 3D 参数设置后，需要设置视频源格式，左右眼优先及右眼起始位置等参数，3D 参数设置界面如图 4-68 所示。

视频源格式：按照视频源实际格式选择。

左右眼优先：选择与 EMT200 第一次收到的同步信号有关，需要在现场参照实际效果选择，选择之后无须更改。

右眼起始位置（X）：为屏体的实际宽度或高度。

3D 信号发射器：如果没有使用第三方发射器，则不用选择；如果使用第三方发射器，则开启此项。如果选用的第三方发射器也需要连接 EMT200，则连接方式与上文描述一致，第三方发射器需要连接在 EMT200 的 3D 信号输出接口。

信号延迟时间：一般情况下延迟时间默认即可，如果现场发现 3D 效果不明显可以微调此参数。

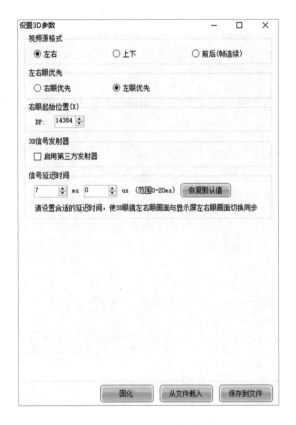

图 4-68　3D 参数设置界面

（1）视频源为左右格式。

① 假设需要在 3840 像素×1080 像素的屏体中显示一幅 3D 画面，那么需要前端处理器或显卡输出分辨率为 7680 像素×1080 像素的 3D 视频源（屏体宽度的两倍，同时包含左右眼画面）连接 MCTRL1600 的 DP 接口。

② 在 NovaLCT 软件发送卡界面开启 3D 参数设置界面，选择左右格式，右眼起始位置为 3840，设置其他 3D 参数（左右眼优先等），DP 接口的 3D 参数设置界面（左右格式）如图 4-69 所示。

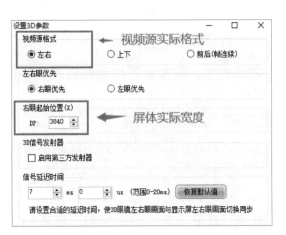

图 4-69　DP 接口的 3D 参数设置界面（左右格式）

（2）视频源为上下格式。

① 假设需要在 3840 像素×1080 像素的屏体上显示一幅 3D 画面，那么需要前

端处理器或显卡输出分辨率为 3840 像素×2160 像素的 3D 视频源（屏体高度的两倍，同时包含上下画面）连接 MCTRL1600 的 DP 接口。

② 在 NovaLCT 软件发送卡界面开启 3D 参数设置界面，选择上下格式，右眼起始位置为 1080，设置其他 3D 参数（左右眼优先等），DP 接口的 3D 参数设置界面（上下格式）如图 4-70 所示。

图 4-70　DP 接口的 3D 参数设置界面（上下格式）

（3）视频源为前后格式。

① 假设需要在 3840 像素×1080 像素的屏体上显示一幅 3D 画面，那么需要前端处理器或显卡输出分辨率为 3840 像素×1080 像素的 3D 视频源（与屏体分辨率大小一致，100Hz 或 120Hz）连接 MCTRL1600 的 DP 接口。

② 在 NovaLCT 软件发送卡界面开启 3D 参数设置界面，选择前后格式，设置其他 3D 参数（左右眼优先等），前后帧格式的 3D 视频源不用设置右眼起始位置，DP 接口的 3D 参数设置界面（前后格式）如图 4-71 所示。

图 4-71　DP 接口的 3D 参数设置界面（前后格式）

2. DVI 接口下 3D 功能设置

1）DVI 接口下 3D 功能说明

在介绍 DVI 接口之前，首先对 MCTRL1600 的 DVI 接口模式进行说明。MCTRL1600 有 4 个 DVI 接口，DVI 接口可以设置为 S Link DVI 模式和 D Link DVI 模式。在 S Link DVI 模式下，DVI1 接口、DVI2 接口、DVI3 接口、DVI4 接

口都可以输入信号源。在 D Link DVI 模式下，仅 DVI1 接口、DVI2 接口可以输入信号源，DVI3 接口、DVI4 接口不可用。

2）DVI 接口在 S Link DVI 模式下 3D 功能说明

在 DVI 接口下，MCTRL 1600 有两种 3D 模式，模式一是单个 DVI 接口内同时包含左右眼画面，模式二是单个 DVI 接口内仅包含左眼或右眼画面（DVI1 接口、DVI3 接口只包含左眼画面，DVI2 接口、DVI4 接口只包含右眼画面。DVI1 接口与 DVI2 接口成对使用时显示，DVI3 接口与 DVI4 接口成对使用时显示），这两种 3D 模式简称模式一、模式二。

以单台 MCTRL1600 使用一个 S Link DVI 接口，在模式一下带载屏体显示一幅 3D 画面为例说明配置方法。

（1）视频源为左右格式。

① 假设需要在 800 像素×600 像素的屏体上显示一幅 3D 画面，那么需要前端处理器或显卡输出分辨率为 1600 像素×600 像素的 3D 视频源（屏体宽度的两倍，同时包含左右眼画面）连接 MCTRL1600 的 DVI 接口。

② 在 NovaLCT 软件发送卡界面开启 3D 参数设置界面，选择左右格式，选择模式一，右眼起始位置为 800，设置其他 3D 参数（左右眼优先等），S Link DVI 接口模式一的 3D 参数设置界面（左右格式）如图 4-72 所示。

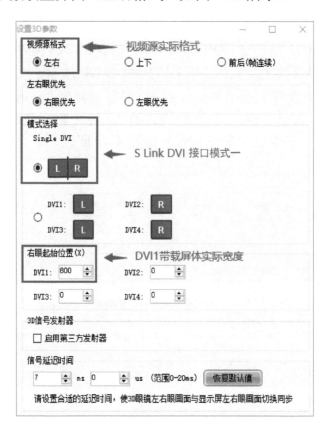

图 4-72　S Link DVI 接口模式一的 3D 参数设置界面（左右格式）

（2）视频源为上下格式。

① 假设需要在 800 像素×600 像素的屏体上显示一幅 3D 画面，那么需要前端

处理器或显卡输出分辨率为 800 像素×1200 像素的 3D 视频源（屏体高度的两倍，同时包含上下画面）连接 MCTRL1600 的 DVI 接口。

② 在 NovaLCT 软件发送卡界面开启 3D 参数设置界面，选择上下格式，选择模式一，右眼起始位置为 600，设置其他 3D 参数（左右眼优先等），S Link DVI 接口模式一的 3D 参数设置界面（上下格式）如图 4-73 所示。

（3）视频源为前后格式。

① 假设需要在 800 像素×600 像素的屏体上显示一幅 3D 画面，那么需要前端处理器或显卡输出分辨率为 800 像素×600 像素的 3D 视频源（和屏体分辨率大小一致，100Hz 或 120Hz）连接 MCTRL1600 的 DVI 接口。

② 在 NovaLCT 软件发送卡界面开启 3D 参数设置界面，选择前后格式，设置其他 3D 参数（左右眼优先等），前后帧格式的 3D 视频源不用设置右眼起始位置，S Link DVI 接口模式一的 3D 参数设置界面（前后格式）如图 4-74 所示。

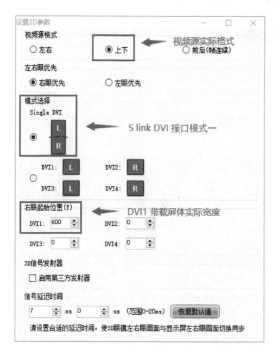

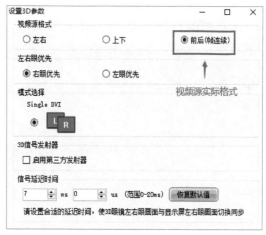

图 4-73　S Link DVI 接口模式一的 3D 参数设置界面（上下格式）　　图 4-74　S Link DVI 接口模式一的 3D 参数设置界面（前后格式）

注意：使用多个 DVI 接口或使用模式二需要前端视频拼接器配合，或者考虑视频接口和 LED 显示屏的映射关系，该部分内容将在高级课程中详细讲解。

第 **5** 章

异步 LED 显示屏网络集群系统

随着智慧城市和商业显示屏行业的发展，LED 显示屏大规模集群化场景越来越多，LED 显示屏数量快速增长，用户迫切需要对地理位置不同、数量众多的 LED 显示屏进行远程集中管理。本章以诺瓦星云 VNNOX 集群系统为例，对异步 LED 显示屏网络集群系统的方案设计、调试及使用做详细介绍。

5.1 异步 LED 显示屏网络集群系统方案设计

一个完整的异步 LED 显示屏网络集群系统方案内容主要包含以下几个部分，如图 5-1 所示。在此基础上可以补充其他细节使方案更完美、更有竞争力。

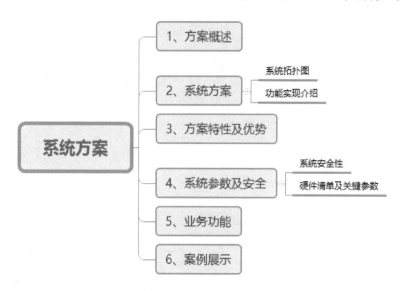

图 5-1 异步 LED 显示屏网络集群系统方案内容

本节以某市智慧灯杆屏项目为例，设计一整套异步 LED 显示屏网络集群系统方案。

5.1.1 方案概述

首先需要结合项目背景、项目特点、用户功能需求及系统的特点进行简单概述，再配以图片案例，智慧灯杆屏场景如图 5-2 所示。

智慧灯杆屏作为智慧城市内 LED 显示终端的重要品类，伴随着智慧城市的推进而兴起。智慧灯杆屏以其性能强大、操作便利、运营简单，兼具商业和民生服务双重价值等众多优点，在道路指引、路况播报、信息发布、广告推广等方面展现出了得天独厚的优势。近年来，智慧灯杆屏已经受到越来越多的户外广告运营商、户外传媒公司、商业综合体运营商、公共管理部门、智慧城市建设部门等相关方的关注和青睐。智慧灯杆屏云服务解决方案基于网络，能够实现远程控制和管理街道、景区、园区内灯杆屏的内容发布，实现高精度同步显示、智能调光、集群控制等功能。系统平台操作简单、安全可控，有效提升了灯杆屏的管理和运维效率，降低了维修难度，对智慧城市的发展产生了积极影响。

图 5-2　智慧灯杆屏场景

5.1.2　系统方案

本节需要掌握一种拓扑图绘制工具——Visio。绘制的拓扑图在保证简洁明了的同时还需要体现设备之间的连接关系，为介绍各部分的功能提供参考，系统方案拓扑图如图 5-3 所示。

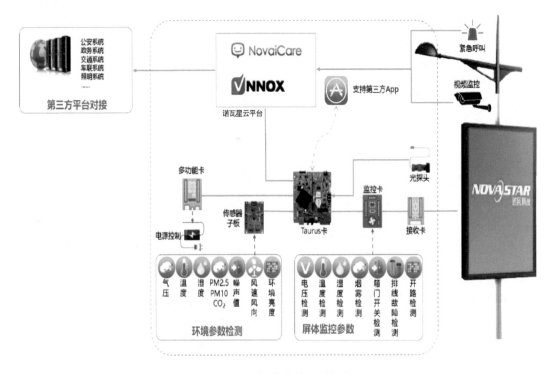

图 5-3　系统方案拓扑图

根据图 5-3 所示的系统方案拓扑图，开始进行系统方案各组成部分的功能介绍。

智慧灯杆屏安装多媒体播放卡并配备 4G 通信模块，快速接入云平台服务器，即可进行远程集群管控。用户可以使用云平台软件系统编辑制作节目内容，通过服务器将节目数据或控制命令下发至各个终端显示屏，从而实现集群化远程信息发布和屏体控制功能。此外，多媒体播放卡支持连接多种外接设备，满足智慧路灯场景下丰富的业务功能需求。

1．环境数据检测

通过接入传感器等外接设备，系统实现对智慧灯杆屏周围环境的有效监控，环境数据实时上屏，轻松实现智慧城市终端赋能。

系统配合光探头实时监测环境亮度，智能化自动调整显示屏亮度，避免夜间显示屏亮度过高造成的光污染危害。

2．屏体管理与健康检测

通过对接多功能卡，系统可实现对显示屏电源的实时控制；通过云平台的通信连接，可进一步实现对屏体电源的远程上/断电，进而实现智能化控制，助力节能，降低智慧灯杆屏的运营成本。

系统支持配置 LED 显示屏监控卡，全方位监控显示屏运营状态，随时随地关注屏体健康。故障预警、故障分析及快速诊断定位功能，帮助终端用户在较短时间内恢复显示屏正常运营。

3．功能丰富，云平台集群控制

该系统基于安卓 ARM 平台的 Taurus 操作系统，支持多样化媒体播放形式，如播放视频、图片、流媒体、气象环境信息等各类信息，支持 IP 音柱对接等业务功能。

通过接入云服务平台，系统轻松实现对大量智慧灯杆屏的集群控制、批量管理、远程发布等功能。

4．开放接口，快速集成第三方系统平台

云平台开放功能丰富的 API 接口，可以快速地与政府政务平台、公安平台、交通平台等智慧城市管控系统进行对接，轻松实现终端用户系统集成对接的核心诉求。

云平台开放 ADB 调试，支持安装第三方 App 程序，助力终端用户打造自主品牌智慧灯杆屏综合服务软件平台。

▶▶ 5.1.3　方案特性及优势

介绍完系统的架构后，我们需要根据智慧灯杆屏场景的特点及收集到的用户对智慧灯杆屏的功能需求，对实现该方案的核心技术支撑进行讲解，展示系统方案的优势。

1．多屏同步播放

智慧灯杆屏挂在路灯杆上，沿街道排成一排，规格相同，排列整齐。而在节目播放时，所有的智慧灯杆屏需要显示同样的内容，要一起切换，步调一致，所以多屏同步播放是智慧灯杆屏的典型播放场景。而多媒体播放器用完美的同步播放技术为系统服务，通过先进的调度技术，以时间为基准，实现节目播放时的自动校准，零延迟显示，毫秒级多屏同步播放，为用户带来震撼的视觉体验。方案提供 NTP

同步技术、射频同步技术、GPS 同步技术 3 种方式。射频同步配件如图 5-4 所示，用户可以在具体项目实施时根据现场环境自由选择。

图 5-4　射频同步配件

更多详细信息可参考《多媒体播放器 同步播放方案实施指导书-V1.0.0》。

2. 耐高温环境，长时间稳定工作

智慧灯杆屏长时间暴露于户外，尤其是夏季阳光直射产生的高温会损害智慧灯杆屏。而诺瓦星云智慧灯杆屏解决方案通过可靠性测试验证，确保屏体在-40～80℃的温度范围内长期稳定运行，并能承受接触放电 4kV，非接触放电 8kV，保证在雷雨、台风等极端天气条件下设备无故障损坏。

此外，当显示控制网口出现故障时，特有的冗余备份网口设计仍可以保证智慧灯杆屏正常工作。冗余备份机制带来的高稳定特性，在智慧灯杆屏场景下具备不可替代的优势。系统冗余备份如图 5-5 所示。

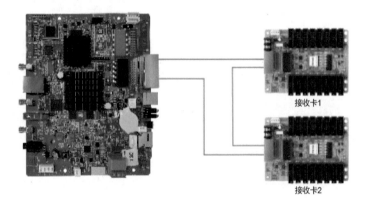

接收卡1

接收卡2

图 5-5　系统冗余备份

3. 节能减排，环境检测，拒绝光污染

智慧灯杆屏大多分布在大街、社区等人流量集中的位置，工作时间较长。如果夜晚亮度较高，则会产生严重的光污染；如果白天亮度过低，则会导致观众无法看清播放内容。

本方案中提供的智能亮度调节利用智能光探头实时检测环境亮度，根据环境亮度结果自动将显示亮度调节到最佳状态。智慧灯杆屏白天明亮，画面绚丽清晰；夜间柔和，不影响交通安全，为用户提供完美的智能亮度调节服务，拒绝城市光污染。此外，系统真正实现了"随心所欲"地控制智慧灯杆屏显示设备电源的功能，

助力智慧城市的节能减排要求。

智能光探头外观小巧,防水防尘,可以通过多媒体播放器板卡预留的 RS485 接口,灵活地安装在智慧灯杆屏的任何位置,与智慧灯杆屏融为一体,不会影响 LED 箱体的设计。

利用外接子板拓展传感器接口,用户可以很方便地连接环境检测传感器,并实现数据信息快速上屏显示。目前环境监测传感器支持 10 种以上的环境信息检测,环境信息检测如表 5-1 所示,并且可检测的环境信息还在持续增加。诺瓦星云响应国家号召,将持续赋能智慧城市、健康宜居、绿色低碳的可持续发展战略。

表 5-1　环境信息检测

属性名称	单　位
二氧化碳浓度	ppm
PM2.5	μg/m³
PM10	μg/m³
气压	kPa
湿度	%RH
温度	℃
噪声	dB
风速	级
风向	7 个方位,无单位
光照度（环境亮度）	lx
土壤温度	℃
土壤湿度	%
土壤 pH 值	无单位
雨量	mm
雪量	mm
紫外辐射	nm
日照时数	W/m²
负氧离子	个/cm³
PM100	μg/m³

4. 多种组网方式, 灵活稳定

依托于多媒体播放盒支持的多种通信接口连接设计,通过 Wi-Fi、4G/5G 网络或有线网络方式,用户可以灵活选择组网控制方式。无论采用专网、内网接入,还是组合连接局域网控制,抑或接入公网等方式均可支持。此外,针对户外安装施工过程中的布线、引线、接线的苦恼和后期维护时攀爬灯杆、插线、插卡调试的痛苦,本系统已充分考虑。采用 Wi-Fi AP/Station 的自由切换连接方案,用户既可以选择直接访问设备,也可以选择桥接访问互联网,网络连接如图 5-6 所示。用户只需处于热点信号范围内,即可使用手机、Pad 等连接设备进行调试和维护,彻底告别人工攀爬、连线作业的传统维护模式,方便高效。

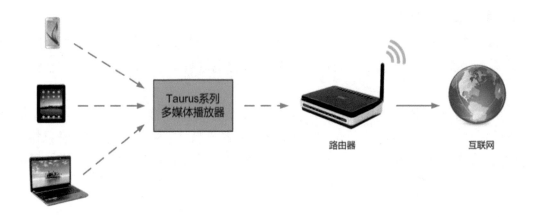

图 5-6　网络连接

　　通过 Wi-Fi Station 功能，接入现场安装的路由器热点，即可快速实现智慧灯杆屏上网、注册进入云平台进行集中管控，Wi-Fi Station 连接如图 5-7 所示。安装 Wi-Fi 天线及延长线可最大程度拓展通信范围，保障信号强度。

图 5-7　Wi-Fi Station 连接

　　为减少网络布线成本，用户往往选择 4G/5G 无线联网方案，但 4G/5G 信号的稳定性会受到多种外部因素影响。例如，所处位置基站覆盖情况、不同时段基站接入用户数量等都会影响 4G/5G 信号的稳定，为保障网络信号稳定传输，诺瓦星云系统可进行网络自动恢复。

　　4G/5G 无线联网方案的优势如下：

　　① 系统文件断点续传，当网络恢复时自动续传未下载完成的文件，减少流量消耗。

　　② 定时网络检测，当网络异常时自动对模块进行拨号。例如，欠费后重新缴费、网络拥堵被基站踢出网络、网络虚连接等情况下无须人工干预，可自动恢复。

　　诺瓦星云设备配套的 SIM 卡槽采用抗氧化抗腐蚀卡槽，经过镀金工艺，减少因接触不良导致的断网问题。

　　若使用 4G/5G 网络，则在采购 SIM 卡时使用工业级 SIM 卡。要求 SIM 卡为 MP2 标准，卡厚度为 0.8mm。

5. 云平台集群管理，提升商显价值

智慧路灯多分布于城市、景区的主要街道的两侧，明显呈现出数量多、分布广的特点。而传统的人工维护，本地更新的方式已经不满足实际需求。诺瓦星云解决方案可以利用 4G/5G、Wi-Fi 接入网络，免除了现场布线的烦恼，真正意义上实现了终端设备集群化统一管理。

云平台支持多种类型的节目制作、编排和一键快捷发布，实时插播突发新闻和紧急通知。完善的监控服务使用户足不出户即可随时了解智慧灯杆屏的运营状态。通过开放的系统 API 及 OEM 品牌定制服务，用户可以快速完成与第三方系统集成和自主品牌的定制工作。诺瓦星云正努力升级云平台的业务功能，尝试满足更多样的播放需求，同时依托广告大数据平台，实现精准营销，精确投放，为用户提升智慧灯杆屏的商业价值。

6. 高安全性、高稳定性服务保障

为了避免屏体播放一些非法的内容，本系统从屏体认证、节目编辑、网络传输、服务器安全防护和终端播放校验等方面增加安全防护措施，力求保障播放内容的安全性。诺瓦星云始终坚守信息安全、服务稳定的质量红线，不断研发集成安全通信技术，并获得政府、信息安全认证机构权威的认证和证书。

▶▶ 5.1.4　系统参数及安全

方案中的信息发布平台及硬件安全是重中之重，也是政企、传媒较关心的部分。

在方案中，系统参数及安全部分需要尽可能提供相关软/硬件产品的安全性认证资质，以此作为投标的加分项。

硬件产品的选型取决于产品带载、功能参数是否能够满足项目要求。相关技术参数也需要严格按照产品的规格书参数书写，用户后期会按照方案要求进行项目功能验收。

诺瓦星云通过技术攻关，攻克了 LED 显示屏集群管理的技术难题。通过 LED 显示屏终端管理系统及管理方法，用户不仅可以实现 LED 显示屏的远程发布，还可以有选择性地在多个 LED 显示屏终端管理子系统之间进行业务数据同步，既可保证子系统之间业务的独立性，又可实现各个子系统之间的数据统一。通过采用先进的云服务技术，用户只需通过互联网访问云平台，即可享受其所需的服务。目前产品方案主要支持的多种组网方式如表 5-2 所示。

表 5-2　组网方式

组网 & 控制方案	连接方式	用户终端	相关软件
局域网环境下对终端进行节目发布和控制	有线网络、Wi-Fi 信号	PC、手机、Pad	ViPlex Express ViPlex Handy
接入公有云平台进行集群远程节目发布和显示屏监控管理	有线网络、4G/5G 信号	PC、手机、Pad	VNNOX NovaiCare
自组网络搭建私有云平台进行集群远程节目发布和显示屏监控管理	有线网络、4G/5G 信号	PC、手机、Pad	VNNOX NovaiCare

云平台集群管控系统如图 5-8 所示，此系统具有以下优点：

① 更便捷：通过 Web 访问，只要有互联网，就能随时随地进行操作。

② 更安全：通过通道加密、数据指纹和权限管理保证系统的安全。

③ 更高效：通过统一的平台远程制作和发布节目，并控制显示屏。

④ 更智能：采用智能的技术算法和监控，极大减少用户工作量，提高效率。

⑤ 更可靠：通过服务器主备容灾机制和数据备份机制保证高可靠性。

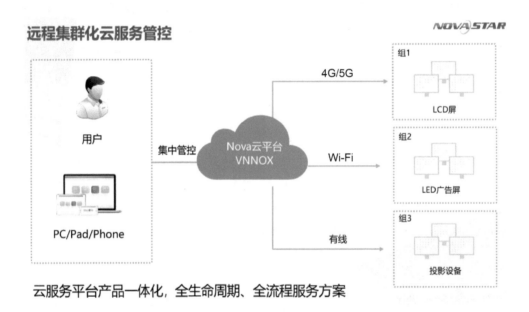

图 5-8　云平台集群管控系统

云平台集群管控系统具有以下安全性能优势。系统安全架构如图 5-9 所示。

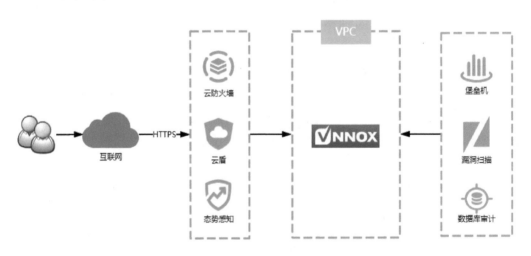

图 5-9　系统安全架构

1. 终端连接安全

移动端授权认证如图 5-10 所示。当移动设备使用 Wi-Fi 连接智慧灯杆屏终端时，用户通过成熟的 OAuth2.0 授权认证机制确保服务的安全，保证只有通过验证的移动设备才能连接智慧灯杆屏，保障终端信息安全，杜绝非法连接。

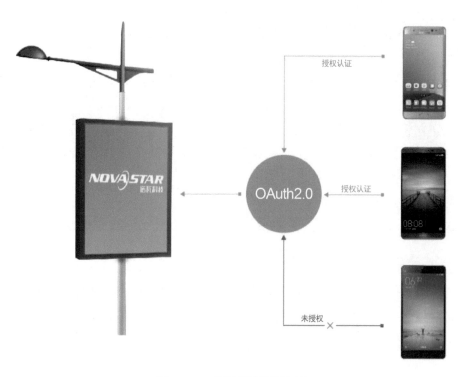

图 5-10　移动端授权认证

2．业务数据安全

业务数据安全保护如图 5-11 所示。从扫描分析到预防监测，诺瓦星云通过多种手段，深层次地解决了不同组网方式环境下潜在的业务数据安全问题。

图 5-11　业务数据安全保护

防止 SQL 语句注入：当数据库操作时，对于外部传入的参数均使用参数绑定的形式，避免 SQL 语句使用字符拼接的方式，防止用户端被恶意拼接的非法 SQL 语句进行注入攻击。

防止 XSS 攻击：为了防止跨站脚本攻击，在接收外部数据时，Web 前端强制过滤 JS 脚本相关的关键字符。如果 Web 前端的过滤被绕过，则对非法的字符进行转码存储，以避免在读取数据时脚本自动执行。

128 位 SSL 进行加密：采用 SSL 通道加密，防止信息被监听、篡改，支持 HTTPS 配置。

三权分立管理：登录密码错误三次会弹出图片验证码进行校验，防止暴力破解。应用系统采用权限树架构进行三权分立管理，预防用户内部管理问题。管理员、操作员、审计员各司其职，防止内部因权限过高造成业务隐患。同时，所有操作均被记录在日志库，即使管理员也无法删除。

SHA 加密：数据库自身存储数据进行 SHA 加密，同时系统层定期修复漏洞。

3. 网络传输安全

网络传输安全保护如图 5-12 所示，使用成熟的 HTTPS 加密通道确保网络传输中的数据处于加密状态，避免被网络抓包或篡改网络数据而影响网络安全。

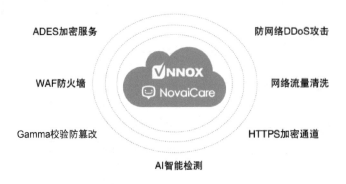

图 5-12　网络传输安全保护

ADES 加密服务：高级加密标准服务，是当今广泛流行的对称加密算法之一，采用密钥、填充、模式等步骤对信息进行加密，防止信息泄露。

WAF 防火墙：基于云安全大数据能力实现，通过防御 SQL 语句注入、XSS 跨站脚本、常用 Web 服务器插件漏洞、木马上传、非授权核心资源访问等 OWASP 常见攻击，过滤海量恶意访问，避免网站资产数据泄露，保障网站的安全与可用性。

Gamma 校验防篡改：在媒体传输过程中通过 Gamma 表进行双向校正，防止媒体文件被篡改。

防网络 DDoS 攻击：可以帮助用户抵御各类基于网络层、传输层及应用层的 DDoS 攻击，包括 CC、SYN Flood、UDP Flood、UDP DNS Query Flood、(M)Stream Flood、ICMP Flood、HTTP Get Flood 等所有的 DDoS 攻击方式，可以在 5s 内完成攻击发现、流量牵引和流量清洗，大大减少了网络抖动现象，并能实时短信通知用户网络防御状态。

HTTPS 加密通道：一种通用的网络传输层加密协议，采用 SSL 证书进行加密解密，可确保网络传输中的数据处于加密状态，避免因被网络抓包或篡改网络数据而影响网络安全。

4. 云服务平台安全

云服务平台保护如图 5-13 所示，此平台具有以下特性。

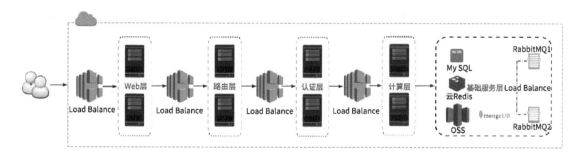

图 5-13　云服务平台保护

（1）高安全性。

云平台云端服务器全部搭建在阿里云 VPC（私有网络）中，对外不提供公网 IP，并且设置了非常严格的安全组策略。同时，系统外围采用了 AntiDDos、态势感知、安骑士、WAF 等安全防护手段，使整个系统具有非常高的安全性。

（2）高可用性。

云系统总体分为 5 层架构，每层架构都采用了 SLB（负载均衡）对外提供服务，且 SLB 后端挂载的同类型服务器分属于不同可用区，可有效避免因云平台某一区域故障造成的系统故障。同时利用 SLB 的流量分发、故障转移等特性，当系统中某一台服务器出现故障时，SLB 自动剔除故障机器，保障系统正常对外提供服务。

（3）健康监控。

云系统目前的监控覆盖率可达 99%，包括服务器性能（CPU、内存、负载等）、监控、重点进程监控、业务监控、API 接口监控等。并且云系统对每个监控项设置了报警阈值，出现报警后将根据不同的报警级别分别通过电话、微信、短信、邮件等措施提醒技术人员及时关注并进行处理。

（4）可扩展性。

① 服务器扩展性：当云系统中的某一台或某一层服务器压力过大时，技术人员利用阿里云服务器的快照及镜像功能，可迅速生成一台相同功能的新服务器，并将其加入 SLB 中提供服务，以达到扩容服务器、降低系统压力的目的。

② 基础服务扩展性：当阿里云基础服务（RDS、Redis、MongoDb 等）出现性能瓶颈时，后端技术人员根据情况对相应的基础服务进行配置升级，以达到系统要求。

③ 存储扩展性：云系统的存储采用的是阿里云 OSS 服务，该服务没有存储空间上限，存储空间理论上可无限扩大，而且具有灵活的鉴权、授权机制及白名单、防盗链、主子账号等功能。

5. 安全认证

云系统已经通过国家信息系统安全等级保护 3 级认证和第三方权威认证，相关安全保护认证如图 5-14 所示。该认证是中国较权威的信息产品安全等级资格认证，由公安机关依据国家信息安全保护条例及相关制度规定，按照管理规范和技术标准，对各机构的信息系统安全等级保护状况进行认可及评定。同时，诺瓦星云正利用相关技术手段，在网络服务的各级通信层和数据流转传输过程中时刻维护用户的数据安全。

图 5-14　相关安全保护认证

此项目单个屏体像素点小于 65 万，推荐使用多媒体播放器 T30，T30 硬件正反面如图 5-15 所示。具体接收卡选型及数量根据屏体实际灯板选型决定。

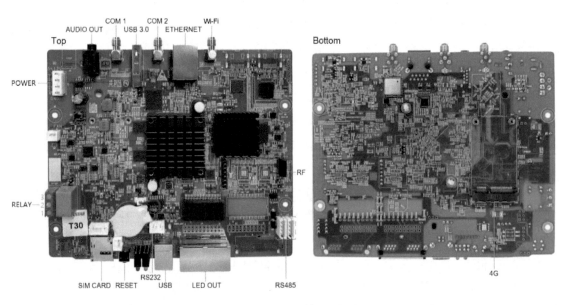

图 5-15　T30 硬件正反面

多媒体播放器 T30 的主要接口和按钮说明如表 5-3 所示。

表5-3 多媒体播放器T30的主要接口和按钮说明

名 称	说 明
Wi-Fi	Wi-Fi 天线接口
ETHERNET	千兆网口。指示灯状态说明：黄色常亮表示已连接百兆网线，且状态正常；绿色和黄色同时常亮表示已连接千兆网线，且状态正常
USB 3.0	USB 接口，用于终端 U 盘升级和节目导入
USB	电脑调试使用
AUDIO OUT	音频输出接口
RESET	恢复出厂值按钮，长按 5s 生效
LED OUT	输出网口
RELAY	3pin 继电器
COM1	4G 天线接口
COM2	GPS 天线接口

5.1.5 业务功能

对最终交付给终端用户使用的系统功能模块进行简单介绍，突出功能核心亮点。

1. 面向全球用户的 SaaS 平台

SaaS 平台采用 BIT/S 架构，面向全球不同地区的用户。用户可自行注册用户名和密码，并基于网络状况选择合适的服务器节点。注册成功后，即可登录云平台，完成终端设备绑定，并进行后续的远程集群管理。云平台登录入口如图 5-16 所示。

图 5-16 云平台登录入口

2. 两种模式，丰富用户选择

云平台通用版支持图片、视频、文字类节目快速发布，适合业务场景简单，对云服务需求较低的用户。云平台通用版如图 5-17 所示。

图 5-17　云平台通用版

云平台传媒版提供更加多样化的媒体类型节目的制作、编排和远程发布，支持图片、视频、文字 RSS、流媒体、文档等多种类型的媒体文件，适用于商显传媒广告排片，帮助用户远程集群管理终端显示设备。云平台传媒版如图 5-18 所示。

图 5-18　云平台传媒版

3．系统权限多级管理

云系统通过分组、分权机制，支持用户自定义系统角色并配置对应的权限。独有的工作组和子工作组设计可以控制资源分组管理，实现数据隔离。云平台角色权限管理如图 5-19 所示。

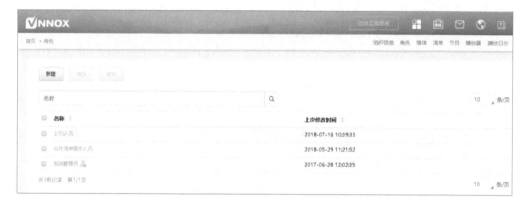

图 5-19　云平台角色权限管理

云系统支持自行创建子用户，自主权限配置。云平台用户权限如图 5-20 所示。

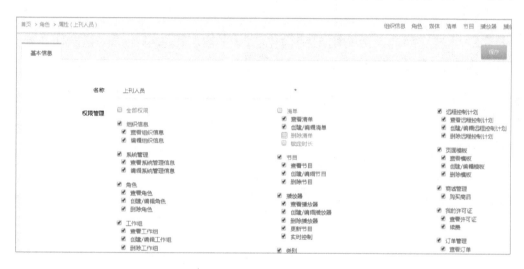

图 5-20　云平台用户权限

4. 简洁的可视化排期视图，支持插播、定时播放、自动更新节目等功能

云系统可灵活制订发布计划，快捷设置节目播放时间。云平台节目排期如图 5-21 所示，节目排期时间设置如图 5-22 所示。

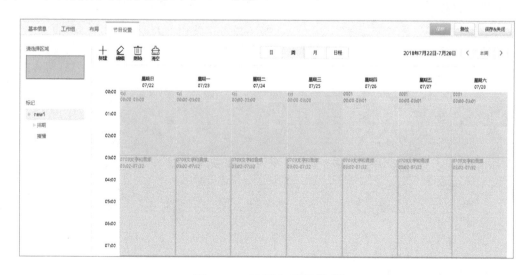

图 5-21　云平台节目排期

图 5-22　节目排期时间设置

5. 节目发布简单快捷、批量勾选、一键发布

云系统可过滤筛选，帮助用户结构化管理业务，批量勾选，一键操作，分秒间完成节目发布。节目快捷发布如图 5-23 所示。

图 5-23　节目快捷发布

6. 精确、翔实地播放日志

云系统可对媒体、播放清单和播放日志进行分类，方便筛选和查找，为用户提供翔实的播放凭证。播放日志如图 5-24 所示。

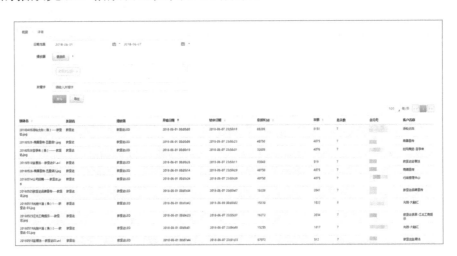

图 5-24　播放日志

7．播放方式灵活多样

云系统支持多窗口、画中画播放，帮助用户使用任意比例的分屏播放、自定义播放。云系统还支持多种媒体类型组合播放，辅以 30 余种特效，帮助用户实现生动、形象、有冲击力的视觉显示效果。

8．多级媒体文件审核

云系统严格控制媒体文件，只有审核通过的媒体文件才能播放，媒体文件审核如图 5-25 所示。

图 5-25　媒体文件审核

9．支持远程实时控制，全方位屏幕状态信息展示

云系统支持控制设备重启/断电、同步播放、亮度、音量等一系列操作。

10．实时获取播放画面

云平台自带截屏功能，无须摄像头也能帮助用户随时监控屏幕的实际播放画面，播放截图如图 5-26 所示。

图 5-26　播放截图

5.1.6　案例展示

此处展示已经成功的、有影响力的案例，为方案的可行性增加说服力。

天津滨海新区智慧灯杆屏项目现场如图 5-27 所示。

图 5-27　天津滨海新区智慧灯杆屏项目现场

5.2　网络组建调试

异步多媒体播放器接入互联网的方式有 3 种，分别为有线连接、Wi-Fi 连接、4G/5G 连接。

本节使用多媒体播放器配套的播控软件 ViPlex Express 进行网络配置，软件支持 Windows 7 SP1 64 位、Windows10 64 位系统。

播控软件 ViPlex Express 可以从诺瓦星云官网进行下载，本教材中使用的播控软件 ViPlex Express 的版本为 V.2.11.0。

双击播控软件 ViPlex Express 安装文件，依照引导界面完成 ViPlex Express 的安装。安装 ViPlex Express 后，启动软件，弹出"选择模式"对话框，单击"异步播放"按钮，并单击"立即启动"按钮，可实现工作模式切换。工作模式切换如图 5-28（a）所示。

启动软件后，如果默认进入本机播放模式的启动页面，则在界面右上方单击⚙图标，单击"工作模式"中的"异步播放"选项，如图 5-28（b）所示，并在弹出的"提示"对话框中单击"确认"按钮，如图 5-28（c）所示。软件重新启动后，进入异步播放模式。

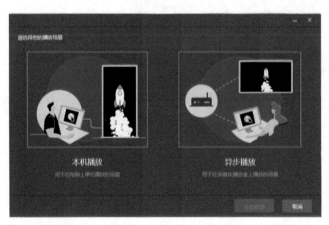

（a）

图 5-28　工作模式切换

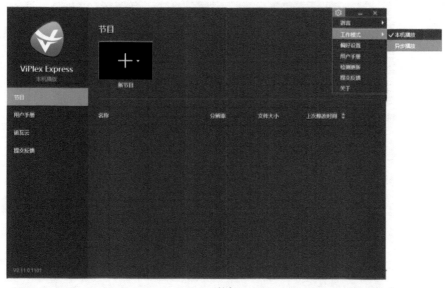

（b）

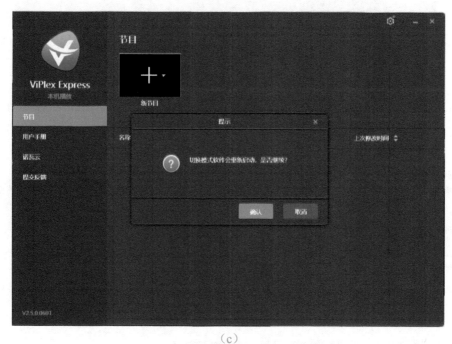

（c）

图 5-28　工作模式切换（续）

　　打开 ViPlex Express，软件自动搜索出一台 T30，使用默认账户 admin 或上次成功登录的账户尝试自动登录一次。如果没有检测出 T30，则单击"刷新"按钮，直到成功检测出 T30。ViPlex Express 显示 3 种连接状态，如表 5-4 所示，设备连接登录成功如图 5-29 所示。

表 5-4　环境检测信息

连 接 状 态	说　　明
灰色	设备离线
黄色	设备在线，未连接登录
绿色	设备连接，登录成功

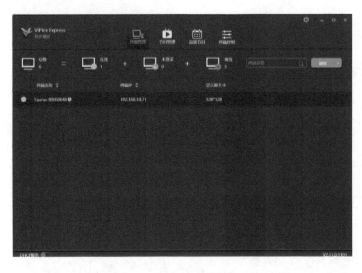

图 5-29　设备连接登录成功

5.2.1　有线连接

有线连接方式如图 5-30 所示，异步多媒体播放器默认出厂 IP 为自动获取，无须配置。

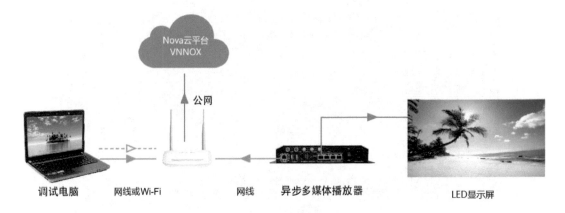

调试电脑　　网线或Wi-Fi　　网线　　异步多媒体播放器　　LED显示屏

图 5-30　有线连接方式

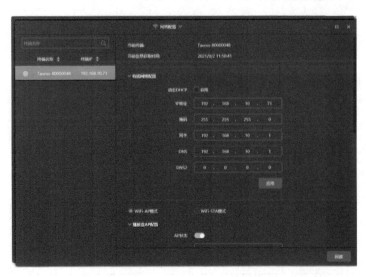

如需修改静态 IP，可在 ViPlex Express 软件连接设备登录成功后，单击"终端控制"选项卡中的"网络配置"按钮，取消启用动态 DHCP，填写静态 IP 地址，单击"应用"按钮即可。有线 IP 地址配置如图 5-31 所示。

图 5-31　有线 IP 地址配置

5.2.2　Wi-Fi 连接

Wi-Fi 连接方式如图 5-32 所示。

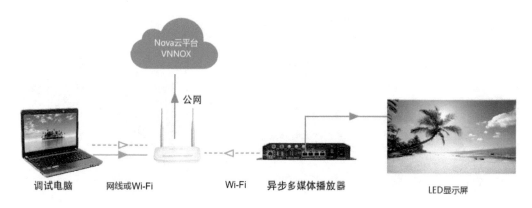

图 5-32　Wi-Fi 连接方式

异步多媒体播放器可选择"WiFi-STA 模式",在弹出的窗口中输入需要连接的 ssid（Wi-Fi 名称）及 Wi-Fi 密码即可进行连接,切换"WiFi-STA 模式"如图 5-33 所示。

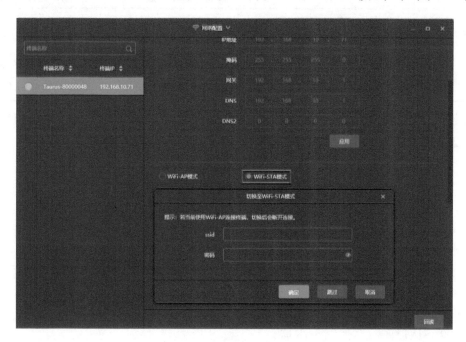

图 5-33　切换"WiFi-STA 模式"

5.2.3　4G/5G 连接

异步多媒体播放器采用 Android 系统。Android 系统网络连接的优先级为有线>Wi-Fi>4G/5G,即当连接有线连接时,Wi-Fi 连接和 4G/5G 连接均无法使用。所以,在调试 4G/5G 连接时一般选择通过异步多媒体播放器 Wi-Fi AP 模式连接设备进行调试,避免影响 4G/5G 网络。4G/5G 连接如图 5-34 所示。

异步多媒体播放器设备使用 4G/5G 网络上网时还需要配合物联网（工业级）SIM 卡,SIM 卡参数对比如表 5-5 所示。异步多媒体播放器需安装国家配套的 4G/5G 模块,本节选择我国配套的 4G 模块移远 EC20,其他国际地址选型可参考厂家对应的说明文档。

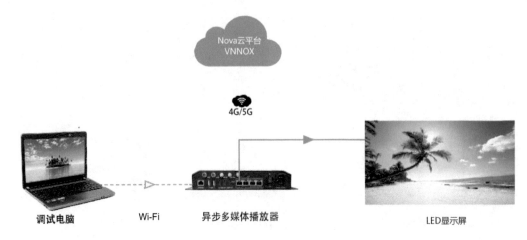

图 5-34　4G/5G 连接

表 5-5　SIM 卡参数对比

分　类	卡　标　准	规格参数	适用群体和场景
消费级 SIM 卡	MP1	−20～85℃ 10 万次擦写寿命	普通手机用户
工业级 SIM 卡	MP2	−40～105℃ 50 万次擦写寿命	室外苛刻环境下的物联网智能设备

工业级 SIM 卡和消费级 SIM 卡的外观对比如图 5-35 所示，工业级 SIM 卡标有"MP2"的字样。

工业级SIM卡　　　　　　　　　消费级SIM卡

图 5-35　工业级 SIM 卡和消费级 SIM 卡的外观对比

工业级 SIM 卡一般有以下限制。

（1）工业级 SIM 卡不能在多台设备中交叉使用，否则会被运营商锁住，只能联系运营商解锁。

（2）工业级 SIM 卡会限制访问地址，即必须设置定向访问，需要用户将异步多媒体播放器访问的相关业务地址提供给运营商加入白名单。本节已整理好 VNNOX 对应的中国节点的相关访问地址，如表 5-6 所示。

表 5-6　VNNOX 中国节点

域名地址	端　口	协　议
*.vnnox.com	443	TCP
*.novaicare.com	443	TCP

续表

域名地址	端　口	协　议
*.pingboss.com	443	TCP
*.cn-shanghai.aliyuncs.com	443	TCP
*.oss-cn-hangzhou.aliyuncs.com	443	TCP
*.aliyun.com	123	UDP

注：表中域名地址部分用*代替。

5.3　云发布、云监控平台

随着智慧城市和商业显示的发展，LED 显示屏应用场景和大规模集群化部署越来越多，LED 显示屏数量快速增长。用户迫切需要对地理位置不同、数量众多的 LED 显示屏进行远程集中管理。因此，云发布、云监控平台应运而生。本节将对云发布、云监控平台的主要功能、应用特点和使用方法逐一介绍。

5.3.1　什么是"云"

在集群系统中，"云"是互联网的别称。结合上文提到的屏体数量多、分布广、维护成本高等难题，云发布、云监控平台就是一种基于互联网的远程媒体发布和信息监控平台。云平台将所有信息均存储在互联网的服务器中，只要有互联网，用户可以在任何时间、地点、设备中访问该平台，实现对显示屏节目的更新、控制命令的发送及设备运行状态的监控。云平台系统框架如图 5-36 所示。用户通过电脑、平板、手机等设备访问并登录云平台的网站，同时，图 5-36 右侧所示的显示终端通过有线、Wi-Fi、4G/5G 等方式接入互联网，经过配置绑定到云平台的指定账户中。用户在登录账户后，就可以在网页中看到在线的设备并完成所需要的操作。

图 5-36　云平台系统框架

5.3.2　云方案在 LED 显示系统中的应用

云方案在 LED 显示行业中的应用主要有交通诱导、户外显示、广告机、智慧城市等。

　　交通诱导解决方案，专注于交通屏的稳定显示和状态监控，广泛应用于高速公路可变信息板、城市诱导屏及停车诱导屏，轻松应对复杂严苛的交通屏系统的对接要求，具备安全、可靠、先进、实用、易扩展等特点，能够满足公安交管部门对智慧交通信息化建设的切实需求。常见的交通诱导方案系统结构如图 5-37 所示。

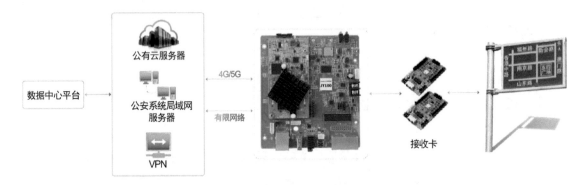

图 5-37　常见的交通诱导方案系统结构

　　户外 LED 显示屏作为商业广告的主流展示平台，潜移默化地帮助广告用户实现了与消费者的对话，同时，满足了政府机构公益宣传与城市形象宣传的需求，逐渐成为城市发展过程中一道不可或缺的亮丽风景线。云平台基于网络，为 LED 广告传媒业务提供了从规划、建设、播放到运维的全流程一体化云解决方案，可远程实现对 LED 显示屏的集群管理、设备监控、智能运维，包括完整的节目制作、编排、审核、发布、播放流程及数据统计和自定义品牌推广等，大幅节省了时间、人力和其他成本，为广告用户创造了更大的价值，为品牌增值保驾护航。户外 LED 显示屏系统结构如图 5-38 所示。

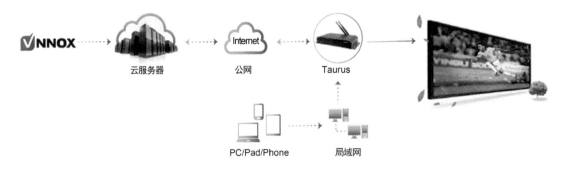

图 5-38　户外 LED 显示屏系统结构

　　随着国内商业与消费环境的快速发展，各行业广告需求越来越大，数字化、网络化、信息化的多媒体广告机成为传媒市场的一大亮点。多媒体广告机能够通过图片、文字、视频、插件（如天气、汇率等）等多媒体素材进行宣传，目前已被广泛应用于地铁、公交站、机场、火车站、加油站、展会、商场、大厦、餐厅、学校、政府机构等场所。基于网络的云平台，不仅适用于 LCD 液晶广告机，还适用于 LED 广告机，实现一屏多显、多屏拼接、集群发布、远程监控等功能，大幅提升了显示屏的价值。广告机云平台系统结构如图 5-39 所示。

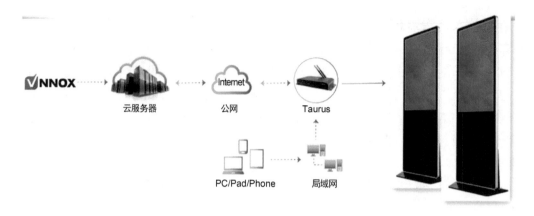

图 5-39　广告机云平台系统结构

　　LED 显示屏作为贴近市民的窗口，在智慧城市建设中拥有很高的公信力，具备权威性、公益性等明显的媒体优势。LED 显示屏不仅可以实时滚动播放天气，应急城市突发预警、新闻资讯、公告通知、生活服务等社区资讯内容，为居民提供便利，还可以作为舆论引导的权威平台，帮助政府部门及街道办完成法规政策、安全知识、疾病预防、科普教育、公益广告、精神文明建设等宣传工作。云平台基于网络，能够远程控制和管理社区内各个屏幕的内容发布，随时更新屏幕内容，操作流程简单方便，播放内容安全可控，为构建和谐、平安的智慧社区提供了有力保障。智慧社区 LED 显示系统结构如图 5-40 所示。

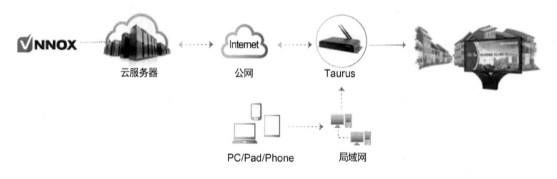

图 5-40　智慧社区 LED 显示系统结构

5.3.3　行业常见云平台

　　LED 显示屏行业中的云平台方案基本由各系统控制厂商提供。国内常见的云平台有诺瓦星云的 VNNOX、灵信视觉的 LED-PUB、卡莱特云平台、熙讯的 AIPS 等，国外也有 BrightSign、Scala、ScreenHub 等类似的远程信息发布平台。因远程信息发布需要服务器端和终端设备紧密配合，各个厂商均有配合自家云平台的硬件产品，用于终端显示播放。

5.4　多异步终端集群节目发布

　　本节以诺瓦星云的 VNNOX 云发布通用版（以下简称 VNNOX）为例介绍云平

台使用的基本操作流程。VNNOX 是一项针对 LED 显示屏控制系统，进行远程节目内容管理和终端控制的服务，基于网页的信息发布管理模式。其界面设计简洁明了，节目制作便捷高效，节目发布一键速成，可广泛应用于政企展览展示、酒店、商场等场景。VNNOX 的可视化节目编辑过程支持远程实时控制屏幕状态和预设屏幕控制计划，摆脱了节目编辑过程中时间和空间的限制，实现远程制作、发布和控制的一条龙服务。VNNOX 操作流程如图 5-41 所示。

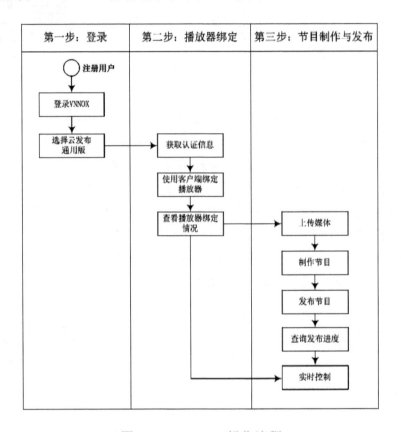

图 5-41　VNNOX 操作流程

5.4.1　账号注册与登录

　　VNNOX 的账号注册、登录及后续的操作均在网页中进行。在 VNNOX 主页右上角单击"注册"按钮，选择服务器节点后填写账号信息即完成 VNNXO 账号注册。VNNOX 主页注册界面如图 5-42 所示，VNNOX 注册信息填写界面如图 5-43 所示。

图 5-42　VNNOX 主页注册界面

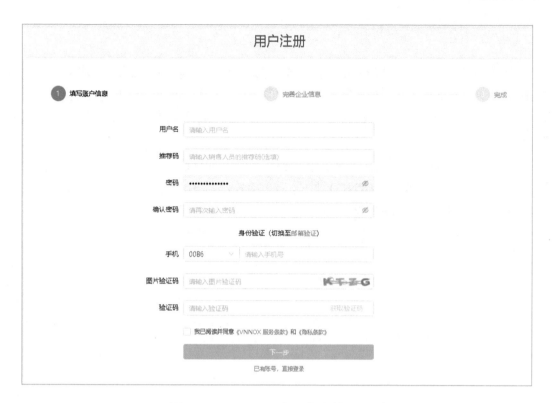

图 5-43　VNNOX 注册信息填写界面

完成注册后，在主页单击"登录"按钮，选择注册时选择的对应服务器进行账号登录，进入管理主界面。VNNOX 账号登录界面如图 5-44 所示、VNNOX 管理主界面如图 5-45 所示。

图 5-44　VNNOX 账号登录界面

图 5-45　VNNOX 管理主界面

173

5.4.2　终端绑定

当终端设备连接互联网后，便可以通过配置使其连接云平台指定的账号。将播放器与 VNNOX 云发布服务绑定成功后，用户便可以随时随地进行节目发布和对播放器的控制，不受距离、地域、布线的束缚。具体终端设备绑定操作如下。

播放器绑定时需获取云发布认证信息，用户注册成功后，VNNOX 自动生成默认的认证信息。成功登录 VNNOX 账号后，单击"播放器认证"选项即可查看并记录云发布的认证信息，播放器认证信息获取如图 5-46 所示。

图 5-46　播放器认证信息获取

得到播放器认证信息后，可通过电脑端播放软件 ViPlex Express 或 ViPlex Handy 将 Taurus 多媒体播放器与 VNNOX 绑定。以 ViPlex Express 为例，连接多媒体播放器后，在 ViPlex Express 中单击"终端控制"选项卡中的"服务器配置"按钮，在"绑定云发布平台参数配置"区域中选择服务器，输入认证用户名、认证密码和播放器名称后单击"绑定"按钮，即可将多媒体播放器终端绑定到 VNNOX。多媒体播放器绑定 VNNOX 如图 5-47 所示。

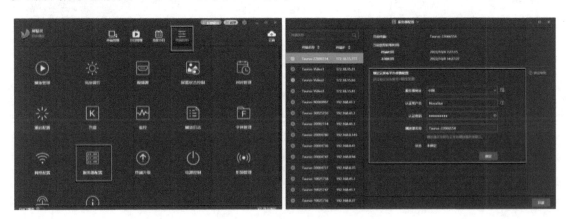

图 5-47　多媒体播放器绑定 VNNOX

注意：认证信息必须与在 VNNOX 中查看到的"云发布认证信息"一致。

5.4.3　媒体上传

将设备绑定到 VNNOX 后就可以定制个性化节目内容，并随时随地发布节目。

媒体上传第一步需要将所需要的媒体文件上传到云端，在 VNNOX 界面中单击"媒体库"选项卡中的"添加媒体"按钮即可上传。媒体上传界面如图 5-48 所示。

图 5-48　媒体上传界面

VNNOX 支持的媒体格式如表 5-7 所示。

表 5-7　VNNOX 支持的媒体格式

图　片	JPE、PNG、ICO、BMP、GIF、JPEG
视　频	MP4、AVI、RMVB、FLV、MKV、WMV、MOV
音　频	MP3
文　档	DOC、DOCX、XLS、XLSX、PPT、PPTX、PDF

5.4.4　节目制作与发布

完成媒体上传后，媒体库里有了足够的素材，此时便可以制作需要播放的节目内容。单击"节目管理"选项卡中的"新建"按钮即可新建节目。新建节目界面如图 5-49 所示。

新建节目时需要先设置节目名称和分辨率，单击"确定"按钮后，系统显示节目编辑界面，如图 5-50 所示。整体界面类似制作 PPT，上部添加媒体及各预置的插件，如文本、数字、模拟时钟、天气等；左侧是页面编辑区域，进行页面的添加、删除等操作；中间是节目编辑区域，完成对当前页面中内容布局的调整；右侧是属性编辑区域，用于对选中的媒体进行播放时长、播放方式等属性的编辑。

175

图 5-49　新建节目界面

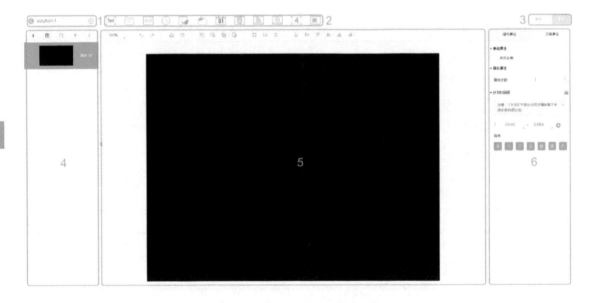

图 5-50　节目编辑界面

节目编辑界面说明如表 5-8 所示。

表 5-8　节目编辑界面说明

区域编号	区域功能	说　　明
1	基本信息设置	用于查看节目名称，以及设置节目名称和分辨率
2	媒体添加	用于添加媒体
3	节目保存和发布	用于保存和发布节目
4	节目页面编辑	用于添加、复制、删除页面，以及调整页面的顺序。 页面从上到下依次播放
5	页面媒体编辑	节目编辑区域，双击空白处可以添加文本
6	属性编辑	用于编辑组件属性和页面属性。 组件指页面中添加的媒体。编辑组件属性前，需单击选中组件

完成节目制作后，在节目管理界面中，选择需要更新节目的在线设备，单击 ⊿ 图标即可将节目发送到该设备，如图 5-51 所示。

图 5-51 节目发布

5.5 多异步终端集群控制

在实际应用过程中，用户能完成节目的远程发布是远远不够的，还需要对多媒体播放器进行远程的实时控制、定时控制，如调节屏体亮度、音量等。VNNOX 支持的远程控制功能如图 5-52 所示。下文将对远程控制功能的操作做详细介绍。

图 5-52 VNNOX 支持的远程控制功能

5.5.1 亮度调节

实时控制：通过拖动滑块或输入数值实时调节显示屏亮度，并单击"应用"按钮，如图 5-53 所示。

图 5-53　实时控制亮度调节

定时控制：在"定时控制"区域中，单击❐图标，设置亮度值、执行时间、有日期等命令参数，单击"确定"按钮，并单击"应用"按钮，如图 5-54 所示。

图 5-54　定时控制亮度调节

亮度调节除了支持实时控制和定时控制，还支持自动控制。自动控制需要外接光探头实现 LED 显示屏亮度的自动调节。通过设置环境光亮度参数，实现当环境光较亮时，LED 显示屏显示高亮度；当环境光较暗时，LED 显示屏显示低亮度的功能。

▶▶ 5.5.2　音量调节

在音量调节界面中可以实现手动调节音量或设置定时调节音量。操作逻辑和上文中的亮度调节类似，分为实时控制和定时控制。

实时控制：拖动滑块或输入数值实时调节显示屏音量，并单击"应用"按钮，如图 5-55 所示。

图 5-55　实时控制音量调节

定时控制：在"定时控制"区域中，单击█图标，设置音量值、执行时间等命令参数，命令参数设置好后，单击"应用"按钮，如图 5-56 所示。

图 5-56　定时控制音量调节

5.5.3　视频源切换

部分支持双工作模式的多媒体播放器，不仅支持多媒体异步播放还支持 HMDI 视频源的同步播放。双工作模式的多媒体播放器有内部输入源和外部输入源。内部输入源指设备自身存储的内容；外部输入源指通过设备的 HDMI 接口由外部输入的内容。

内/外部输入源的切换支持手动切换和定时切换。例如，某商场有一块 LED 显示屏，平时大部分时间用于广告播放，但在每天下午 7:00 需要播放新闻联播的直播。这时就可以通过电视机顶盒的 HDMI 接口提供直播信号给多媒体播放器。通过设置实现每天下午 7:00 切换为 HDMI 视频源播放新闻联播，新闻联播结束后切换回内部输入源继续播放广告。

实时控制：单击"内部输入源"或"外部输入源"单选按钮，并单击"应用"按钮，如图 5-57 所示。

图 5-57　实时控制视频源切换

定时控制：在"定时控制"区域中单击 ➕ 图标，设置控制类型、执行时间等命令参数，单击"确定"按钮，并单击"应用"按钮，如图 5-58 所示。

图 5-58　定时控制视频源切换

▶▶ 5.5.4 播放器重启

对于长期运行的播放器设备，冗余文件不断产生并积累，时间长了会遇到设备卡死等问题。所以，对于长期运行的播放器设备，一般都建议增加定时重启来保证设备的长期稳定运行。播放器重启功能支持实时控制和定时控制。

实时控制：单击"立即重启"按钮，如图 5-59 所示。

图 5-59　实时控制重启播放器

定时控制：在"定时控制"区域中单击 + 图标，设置执行时间、重复方式等命令参数，单击"确定"按钮，并单击"应用"按钮，如图 5-60 所示。

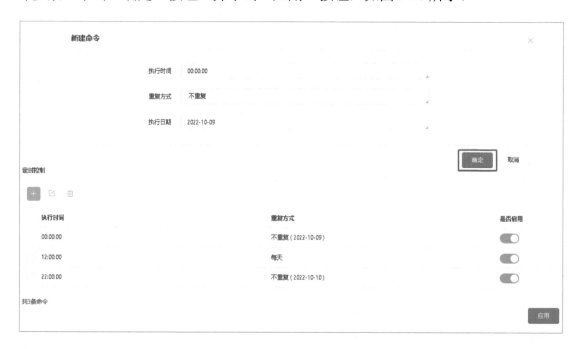

图 5-60　定时控制重启播放器

5.5.5　屏幕状态控制

某些 LED 显示屏应用现场需要在夜间关屏，一般可以通过断电来实现。但是，不少现场都不具备远程控制电源的条件。VNNOX 中的屏幕状态控制通过发送黑屏指令，使屏体亮度降为 0%，实现在不断电的情况下，使 LED 显示屏黑屏的效果。同样，屏幕状态控制也支持实时控制和定时控制两种配置方式。

实时控制：单击"正常显示"或"黑屏"单选按钮，并单击"应用"按钮，如图 5-61 所示。

图 5-61　实时控制屏幕状态

定时控制：在"定时控制"区域中单击 + 图标，设置控制类型、执行时间等命令参数，单击"确定"按钮，并单击"应用"按钮，如图 5-62 所示。

图 5-62　定时控制屏幕状态

5.5.6　监控

VNNOX 支持远程查看播放器的运行信息，此功能集成在监控界面中，可实现查看播放器的磁盘占用情况、本月消耗流量、环境监测指标等信息，如图 5-63 所示。

存储

磁盘空间状态　　sdcard:　0.13GB/3.96GB

媒体清理

流量

本月消耗流量　　12491.76MB

环境监测　刷新

亮度　　未知

温度　　未知

图 5-63　监控指标信息

若需要将之前发布的媒体清空，则单击"媒体清理"按钮，并单击"确认"按钮，如图 5-64 所示。

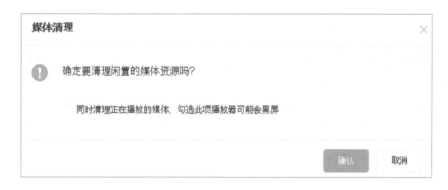

图 5-64　媒体清理

5.5.7　电源控制

电源控制可以实现远程开启或关闭 LED 显示屏电源，支持控制本板电源和通过多功能卡电源配置的屏体电源。本板电源是指通过播放器上的继电器控制电源；多功能卡电源配置是指通过多功能卡上的继电器控制电源。当电源开关打开时，继电器吸合，电路接通；当电源开关关闭时，继电器释放，电路断开。同样，电源控制也支持实时控制和定时控制两种配置方式。

实时控制：打开"屏体电源"开关，并单击"应用"按钮，如图 5-65 所示。

图 5-65　实时控制屏体电源

定时控制：在"定时控制"区域中单击➕图标，设置控制设备、开启时间、关闭时间等命令参数，命令参数设置好后，单击"应用"按钮，如图 5-66 所示。

图 5-66　定时控制屏体电源

5.5.8 对时配置

因多媒体播放器在播放节目时是按照节目制作的排期设置进行播放的，所以需要保证设备内部时间和所在地时间一致。对时配置功能主要针对销往海外的设备。因为与国内有时差，所以需要将多媒体播放器设置为当地时间，否则可能出现节目发送后不播放的情况。VNNOX 支持设置播放器的对时规则，对时用于校准播放器的时间。诺瓦星云的多媒体播放器支持手动、NTP 对时和射频对时 3 种对时模式。对时模式介绍如表 5-9 所示。

表 5-9　对时模式介绍

对时模式	适用对象	时间基准	说　　明
手动	Taurus	所选时区时间	选择时区后，界面显示该时区的时间
NTP 对时	VPlayer Taurus	NTP 服务器的时间	单击 图标可添加自定义服务器
射频对时	Taurus	对时主设备（基准设备）的时间	需购买和安装 Lora 模块设备。 从设备通过射频信号与主设备对时，主设备可根据实际需求设置为与 NTP 服务器对时

手动：选择时区，对时模式选择"手动"单选按钮，并单击"应用"按钮。手动对时如图 5-67 所示。

图 5-67　手动对时

NTP 对时：选择服务器和时区，对时模式选择"NTP 对时"单选按钮，并单击"应用"按钮。可单击 图标添加自定义服务器，NTP 对时如图 5-68 所示。

射频对时：设置组 ID，将当前播放器设置为主设备或从设备，并单击"应用"按钮。

（1）主设备：勾选"设为对时基准设备"复选框，主设备可根据实际需求设置为与 NTP 服务器对时。主设备若未启用 NTP 对时，则根据所选时区的时间对时。射频对时将播放器设置为主设备如图 5-69 所示。

（2）从设备：从设备输入主设备的组 ID 即可与该主设备划分为一个组。射频对时将播放器设置为从设备如图 5-70 所示。

图 5-68　NTP 对时

图 5-69　射频对时将播放器设置为主设备

图 5-70　射频对时将播放器设置为从设备

5.5.9　同步播放

VNNOX 的同步播放是指当有多台控制器播放同一节目时，实现节目的同步切换，保证所有播放器播放的画面始终是一致的。同步播放常见的应用为灯杆屏应用，如图 5-71 所示。因为每台设备的内部时钟是独立的，所以同步播放功能需要完成 NTP 对时或者射频对时，使所有控制器的内部时钟保持一致后才起作用。当同步播放功能启用时，如果不同的播放器时间同步且播放的节目相同，则可实现不同显示屏同步播放相同的画面。在同步播放界面打开同步播放开关启用该功能，如图 5-72 所示。

图 5-71　灯杆屏应用

图 5-72　启用同步播放

5.5.10　播放管理

播放管理可以对播放器当前播放的画面进行截图，检查播放器播放状态是否正常。单击"重新截图"按钮，获取当前播放画面。播放管理获取截图画面如图 5-73 所示。

图 5-73　播放管理获取截图画面

5.5.11　播放器升级

云平台可以实现对终端设备的远程升级。当有新版本发布后，可以在播放器管理界面看到 ⟲ 图标，单击该图标即可完成升级。播放器升级如图 5-74 所示。

图 5-74　播放器升级

5.6　云监控

在 LED 显示屏的实际应用中，后期运维是用户重点关注的方面。当前维护的基本流程是：当 LED 显示屏出现故障后，大部分故障要等到用户投诉才能响应。维护人员去现场排查很久才能找出原因，之后还要找相应的备件，需要花很长时间才能将 LED 显示屏修复。这种维护方式会对用户造成不小的损失，不仅服务成本高，还无法形成良好的口碑，很难保持用户的黏性，造成的结果是订单难谈，价格难谈，尾款回收也难谈。

将云监控平台和云发布平台独立，且各自有独立的服务器和账号，是因为用户群体不一样。云发布平台主要供 LED 显示屏的终端用户使用，这些终端用户主要做节目更新；云监控平台主要供屏体运营商使用，如 LED 显示屏工程商等，这些屏体运营商负责 LED 显示屏的安装及后期维护。

本节以诺瓦星云的云监控平台为例，针对上述问题，为行业提供售后服务解决方案。诺瓦星云的云监控平台分为屏博士和屏老板两个版本，本节以屏老板为例。屏老板显示屏的运维管理板块包含可视化监控、历史记录、备料管理、质保期管理的业务，除了信息监控，为了方便运维人员的工作，还包含方案配置工具、配置文件库、视频课堂的业务。屏老板能够帮助企业提高服务效率、降低服务成本，通过服务为企业创造价值。屏老板产品架构如图 5-75 所示。

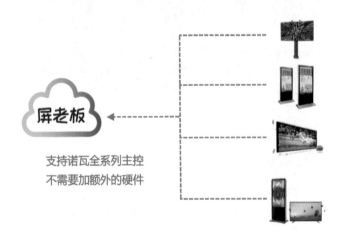

图 5-75　屏老板产品架构

5.6.1　设备绑定

与云发布平台类似，云监控平台在硬件上同样要求播放器或者播放电脑接入互联网。用户在完成账号注册以后，仍需要将播放器和屏老板账号进行绑定。将显示屏接入屏老板只需要 4 步操作。完成配屏后，在 NovaLCT 软件中，单击"屏老板/屏博士"按钮，在弹出的"注册"对话框中单击"修改注册信息"按钮，弹出"显示屏注册"对话框。在弹出的"显示屏注册"对话框中配置服务器、输入用户名、为屏体命名，最后单击"注册"按钮即可。屏老板注册步骤如图 5-76 所示。

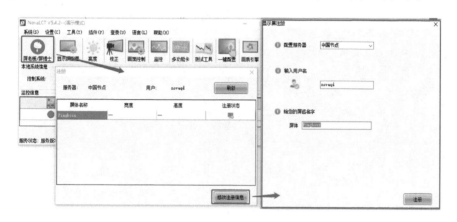

图 5-76　屏老板注册步骤

5.6.2　信息监控

将 LED 显示屏绑定到屏老板账号后，可在屏老板个人主页中看到所有已绑定的 LED 显示屏的状态。屏老板个人主页如图 5-77 所示。下文将对屏老板的主要功能逐一进行介绍。

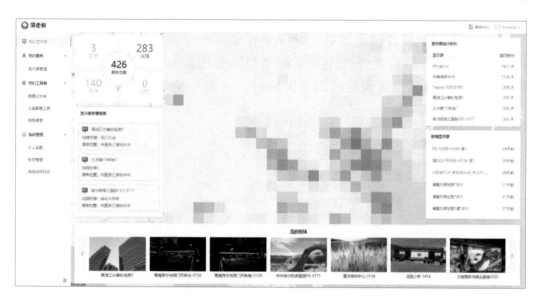

图 5-77　屏老板个人主页

1. 基本信息

LED 显示屏接入屏老板后，无须额外操作，系统会自动展示出方案的拓扑结构，包括电脑、独立主控和显示屏的连接方式，显示屏的分辨率，箱体的个数和位置。显示屏管理基本信息如图 5-78 所示。

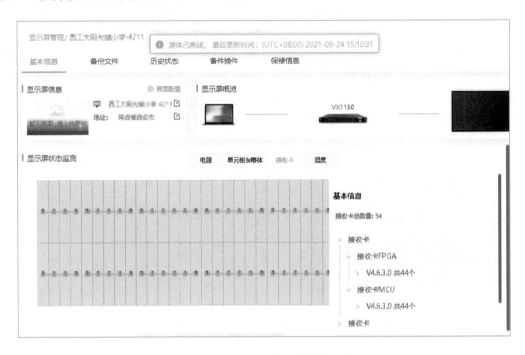

图 5-78   显示屏管理基本信息

以前，项目信息一般用纸质方式或文档方式进行管理，工程师很难还原出具体方案的细节。屏老板通过图形化的方式来呈现显示屏的状态，相当于把复杂的现场完整地还原到工程师的电脑中，使工程师对项目方案一目了然。当用户打电话报修时，该方式节省了双方沟通显示屏状态的时间，提升了沟通效率和用户满意度。

2. 备份文件

LED 显示屏的参数被重置后，如果配置文件已经丢失，则很难重新制作配置文件，尤其遇到异形屏，会更加耗时。屏老板能够将显示屏的系统配置文件备份在云端，避免了配置文件丢失造成的各种问题。备份文件如图 5-79 所示。

图 5-79   备份文件

3. 历史状态

历史状态记录了显示屏的运行历史，包括亮度调节记录、在线状态记录等信息。历史状态记录不仅可以协助定位问题，还可以作为质保范围外故障原因的凭证。例如，通过电压历史判定设备损坏是由电压过高导致的，以此来规避售后中可能产生的纠纷。历史状态如图 5-80 所示。

图 5-80　历史状态

4. 备件换件

LED 显示屏定位故障后，如果需要上门换件，则可以在备件库中进行备件信息查询，确保在出发前将备件准备就绪，一次性解决故障，避免返工。备件换件如图 5-81 所示。

图 5-81　备件换件

5. 保修信息

屏老板提供了整屏质保信息管理和配件质保信息管理的功能。当接到报修后，系统不用查找其他资料就能快速确定产品是否在质保期内，根据不同的情况为用户提供对应的服务内容。系统还可以管理元器件的供应商名称、批次和质保期，能够快速找到对应的供应商进行支持。保修信息如图 5-82 所示。

图 5-82　保修信息

6. 数据大盘

屏老板自带数据大盘展示功能。数据大盘如图 5-83 所示。数据大盘显示 LED 显示屏的地理分布，左侧显示显示屏状态和告警信息，右侧显示显示屏运行时长和最新的系统消息。用户通过数据大盘可以全面监控显示屏的状态，也可以将数据大盘投放到展厅、办公室、洽谈室。数据大盘是企业为用户展示售后服务的重要窗口。

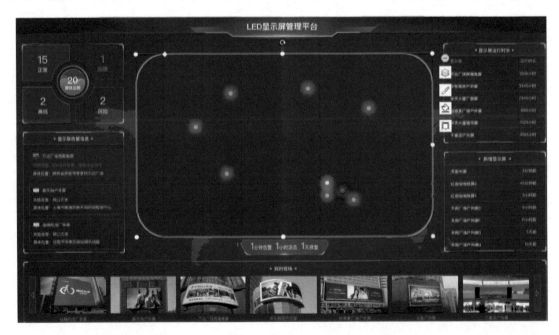

图 5-83　数据大盘

5.6.3　运维工具

1. 配置文件库

除了解决售后问题，屏老板还可以上传和管理自己常用的配置文件，同时集成各 LED 显示屏厂商渠道产品的配置文件。配置文件的查询方式简单快捷。配置文件库如图 5-84 所示。系统不断更新各厂商的数据，避免了施工调试过程中因找不到配置文件而耽误工期耽误交付的问题。

2. 方案配置工具

屏老板为了方便售前工作，集成了显示屏方案配置和 H 系列方案配置工具。在显示屏方案配置中，仅需输入屏体大小/尺寸/分辨率、屏体点间距、模组尺寸及模

图 5-84　配置文件库

组接口类型信息，系统就会自动生成带载方案，同时提供多种设备组合供用户选择。显示屏方案配置如图 5-85 所示。

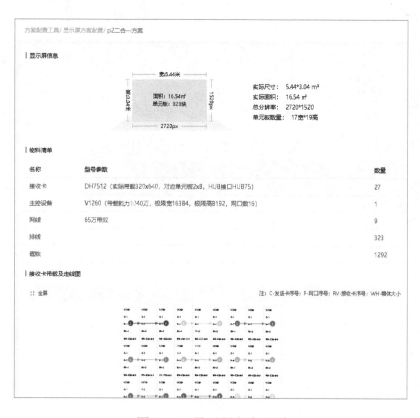

图 5-85　显示屏方案配置

H 系列方案配置工具，只需要根据需求选择接口就能生成对应的设备型号和案例，加快了售前方案的制作效率。H 系列方案配置工具如图 5-86 所示。

图 5-86　H 系列方案配置工具

3. 视频课堂

屏老板提供了诺瓦星云的教学视频，工程师可通过教学视频学习更多系统知识，提升服务技能。视频课堂如图 5-87 所示。

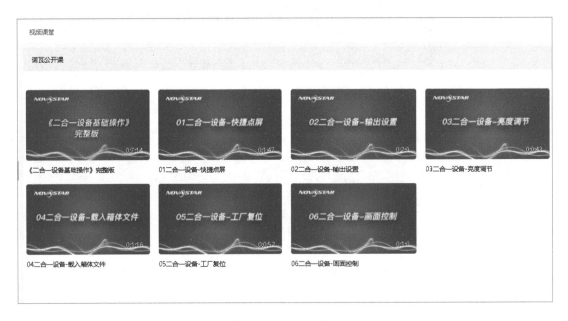

图 5-87　视频课堂

第 **6** 章

常见问题排查、
分析、处理

LED 显示屏具有亮度高、色域广、尺寸任意拼接等众多优点。但其结构相对复杂，包含多种元器件和多种线材，使排查故障节点的难度大大增加。本章列出 LED 显示屏在使用过程中常见的几大问题，详细介绍问题发生的现象及其可能的原因与解决办法。

6.1 同步控制系统常见问题

6.1.1 控制器未正确识别视频源

1. 问题现象

1）视频源未识别

控制器未识别视频源，通常是指 LED 显示屏无画面显示——整屏呈现黑屏状态，如图 6-1 所示。

2）视频源识别错误

如果控制器能够识别视频源但是识别错误，LED 显示屏会显示异常，可能出现闪屏、雪花点、屏体偏色的现象。视频源识别错误导致屏体偏色如图 6-2 所示。

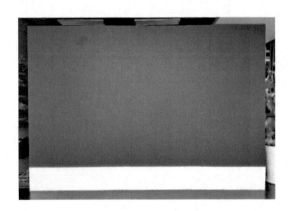

图 6-1　控制器未识别视频源，整屏呈
黑屏状态

图 6-2　视频源识别错误导致屏体偏色

2. 问题分析及处理办法

当出现控制器未正确识别视频源的情况，可以先将视频源接入一台液晶显示器进行查看，再根据显示器的显示结果确定排查方向。

1）接入显示器后画面显示正常

接入显示器后画面显示正常，可判断问题与视频源本身及视频线材无关，问题在控制器一侧，具体可分为以下几种情况。

（1）软件端设置问题。

部分控制器存在多路视频源输入，NovaLCT 软件发送卡界面有"选择输入源"选区，若未勾选"自动选择"复选框，可能会出现控制器识别不到视频源——屏体黑屏的情况，因为当前所选的视频源可能并未接入。

处理办法：根据视频源类型在发送卡界面选择对应的视频源信号，单击"发送"按钮后单击"固化"按钮。发送卡界面选择输入源如图 6-3 所示。

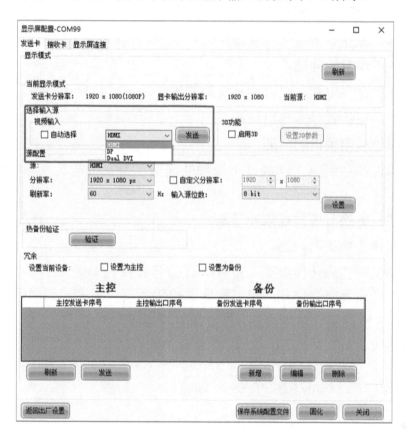

图 6-3　发送卡界面选择输入源

（2）控制器本身硬件接口故障。

可以通过更换视频源进行测试，包括更换同类型视频源（如 HDMI 源更换为另一个 HDMI 源）进行测试及更换不同类型视频源（如 HDMI 源更换为 DVI 源）进行测试。如果更换视频源后控制器能够正确识别视频源，则可以确定只是该控制器视频接口的故障；如果更换了视频源后控制器依然无法识别视频源，则可以确定是该控制器本身硬件的故障。

处理方法：现场处理，一般采用更换控制器的方法。

（3）兼容性问题。

视频源通常是通过控制电脑给出的，但有些场景会经过视频处理器，视频处理器和后端控制系统的发送卡可能存在兼容性问题，导致视频源无法被正确识别。

处理方法：协调视频处理器厂商和控制系统厂商合作解决，或者将"视频处理器+发送卡"方案更换为视频控制器（二合一）方案。

2）接入显示器后无法正确识别

接入显示器后无法正确识别，可判断问题与控制器一侧无关，具体可分为以下几种情况。

（1）视频线材的问题。

视频线材质量差、接口损坏也会导致控制器及液晶显示器不识别视频源的现象。该现象在使用 DVI 线材时更为常见，DVI 线材的 Pin 脚歪斜不仅会插坏设备的接口，还会导致被插坏设备的接口再接入新的线材时破坏此线材，由此进入恶性循环，因此在使用视频线材时一定要多加注意。

处理方法：更换质量有保证且接口完好的视频线材。

（2）视频源本身的问题。

如果视频源来自电脑，很可能是电脑的视频输出接口存在问题。

处理方法：更换视频源输出设备。

（3）视频处理器输出的问题。

如果视频源与控制器之间经过了视频处理器，也有可能是视频处理器本身的故障。

处理方法：更换对应的视频处理器。

（4）视频转换接头的问题。

有些现场使用视频转换接头，将 HDMI 信号转换为 DVI 信号。如果使用的转换接头质量不好或者兼容性差，也可能导致控制器无法正确识别视频源。

处理方法：跳过视频转换接头，直接使用转接线，或者更换质量更好更有保障的视频转换接头。

6.1.2 LED 显示屏不受控问题

1. 问题现象

控制系统作为 LED 显示屏的中枢，需要控制大量的 LED 协同工作，其中存在一种故障——LED 显示屏未按照预期做出正确的显示。该故障主要表现为控制软件或者发送卡设置了相应的控制指令但屏体未做出正确反馈，如调节亮度没反应、发送显示屏配置参数没变化等，此现象在行业内被称为屏体不受控现象。

2. 问题分析及处理办法

如同一千个人心中有一千个哈姆雷特，关于屏体不受控问题的定义和分类也仁者见仁，智者见智。纵观行业内常见的屏体不受控现象，通常分布在以下两个维度：一个是人为操作、应用失误导致 LED 显示屏不受控；另一个是软/硬件故障导致 LED 显示屏不受控。

1）人为操作、应用失误导致 LED 显示屏不受控

（1）对象选择错误。

较典型的是控制系统通信串口选择错误。在控制系统方案配置时，可能存在多个控制器带载多个屏体的情况，调试过程中需要分别选择对应的设备进行对应屏体的调试。控制电脑连接多个控制系统如图 6-4 所示，其中，两张发送卡同时接入控制电脑，此时系统会识别两个通信口。

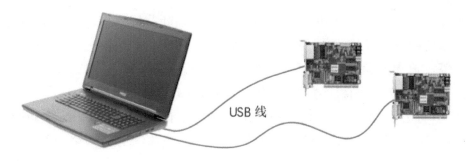

图 6-4 控制电脑连接多个控制系统

由于两台控制器分别通过 USB 线连接至控制电脑，因此，NovaLCT 软件能够识别两个通信口 USB@Port_#0002.Hub_#0002 和 USB@Port_#0003.Hub_#0002。NovaLCT 软件识别两个通信口如图 6-5 所示。

如果此时要配置 USB@Port_#0002.Hub_#0002 所带载的显示屏，却在通信口

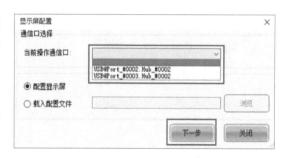

图 6-5 NovaLCT 软件识别两个通信口

选项中错误地选择了 USB@Port_#0003.Hub_#0002，那么接下来所有的操作对于 USB@Port_#0002.Hub_#0002 所带载的显示屏来说都是不受控的。因为 USB@Port_#0002.Hub_#0002 无法接收对应的控制指令，甚至可能将错误的配置参数发送给 USB@Port_#0003.Hub_#0002 所带载的显示屏。

再比如网口选择错误，在显示屏连接界面需要选择对应的发送卡、网口，并按照实际网线走向的主视图完成软件的连屏设置。但是有时候未注意实际屏体的带载网线，将其插在了错误的网口上，导致显示屏连接指令不生效、屏体不受控。选择对应的网口进行连屏设置如图 6-6 所示。

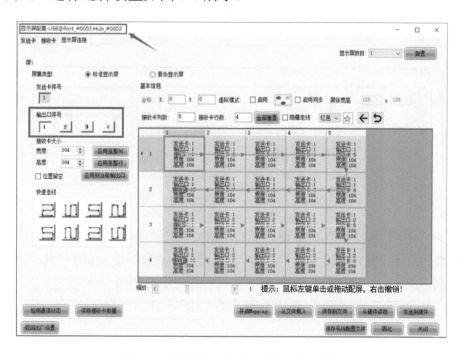

图 6-6 选择对应的网口进行连屏设置

199

针对此类问题，可以在正式操作前借助工具判断待操作对象是否为目标屏体。例如，可以使用 NovaLCT 软件的画面控制功能，判断哪一块屏体是需要被控制和调节的屏体，避免出错。NovaLCT 软件画面控制功能如图 6-7 所示。

此外，对于有液晶面板的控制器设备，可以通过观察液晶面板的图标信息判断当前屏体网口连接的状态，避免选择错误的网口进行配置。VX4S-N 液晶面板网口 2 连接屏体如图 6-8 所示，由此可判断当前目标屏体连接了控制器的网口 2，在软件配置时需选择网口 2。

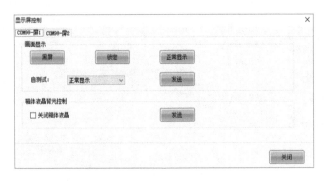

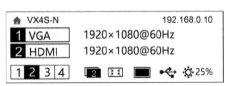

图 6-7　NovaLCT 软件画面控制功能　　　　图 6-8　VX4S-N 液晶面板网口 2

连接屏体

（2）在演示模式下操作。

以诺瓦星云的 NovaLCT 软件为例，软件为用户提供了演示模式，以方便用户在不连接控制系统的情况下也能模拟控制系统进行操作设置。NovaLCT 软件演示模式如图 6-9 所示。

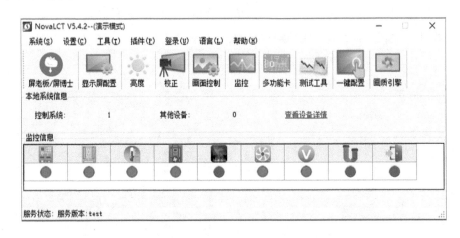

图 6-9　NovaLCT 软件演示模式

如果用户已经连接了控制系统，但 NovaLCT 软件却在演示模式下，那么用户的任何操作都不会与控制系统产生交互，便会出现屏体不受控的现象。此时应当将软件退出演示模式，并重新进入登录界面，完成同步高级登录的设置，即可正常控制显示屏。NovaLCT 软件同步高级登录界面如图 6-10 所示。

（3）人为操作失误。

常见的错误操作之一是给接收卡发送了错误的配置文件或给接收卡升级了错

误的固件程序。以上两个因素是排查显示屏有关接收卡问题较常见的因素，错误的配置文件和固件程序会导致接收卡工作在异常状态，从而导致屏体不受控。

　　常见的错误操作之二是线材连接错误。例如，将用于控制网口的网线插在了控制器的输出网口而非控制网口，导致控制器无法接收控制指令使屏体不受控。诺瓦星云 VX4S-N 后面板视图如图 6-11 所示，其中，左侧第 3 个接口为控制网口，右侧 4 个网口为输出网口，用于连接 LED 显示屏。

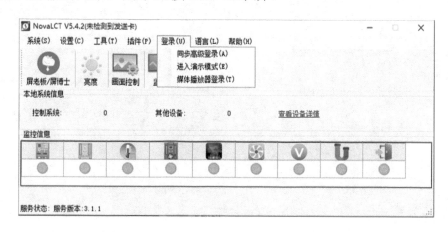

图 6-10　NovaLCT 软件同步高级登录界面

图 6-11　诺瓦星云 VX4S-N 后面板视图

　　常见的错误操作还有连接接收卡与模组的排线接反，导致目标模组出现屏体不受控状态，此时需要按照规范重新进行线材连接。

　　2）软/硬件故障导致 LED 显示屏不受控

　　通常情况下，由于软/硬件故障导致 LED 显示屏不受控问题发生的概率较小，也较容易排查。

　　（1）控制器网口不输出。

　　控制器网口不输出可以通过更换网线、更换控制器进行交叉验证，定位到问题之后联系设备供应商进行返修或退换货处理。

　　（2）接收卡进入 Boot 模式。

　　通常，由于在接收卡固件程序升级的过程中发生了意外断电的情况，导致接收卡固件程序升级失败进入 Boot 模式，此时显示屏表现为不受控状态，接收卡的绿色工作状态指示灯频繁快速闪烁。诺瓦星云 A8s 接收卡指示灯示意图如图 6-12 所示。一般情况下，直接连接进入 Boot 模式的接收卡，更新一次固件程序即可解决问题，如依然无法解决可联系对应厂商处理。

　　（3）软件崩溃、卡死。

　　软件崩溃、卡死的情况多数是由于电脑资源不够用导致的，有时表现为鼠标图标一直转圈，软件提示未响应。此时的不受控更多是指由于控制电脑端无法控制导致 LED 显示屏处于不受控的状态。例如，电脑在同一时刻中运行了过多的软件程序，导致 CPU 使用率过高，从而使屏体不受控。此时，手动关闭部分闲置软件程序即可解决问题。软件卡死状态下可使用任务管理器强制关闭。Windows 电脑任务管理器界面如图 6-13 所示。

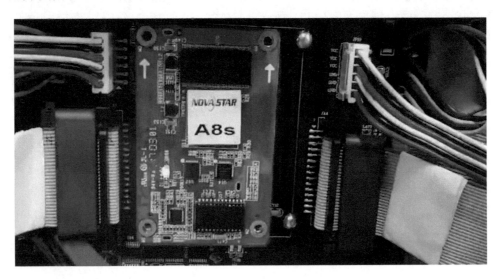

图 6-12　诺瓦星云 A8s 接收卡指示灯示意图

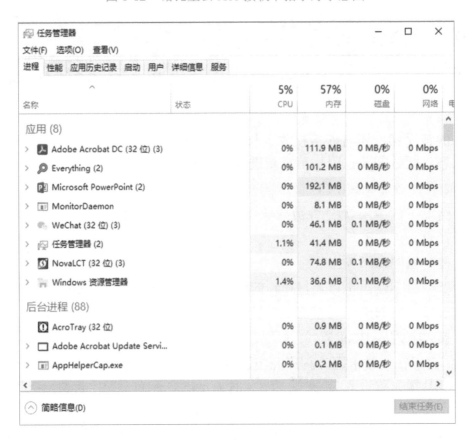

图 6-13　Windows 电脑任务管理器界面

　　如果为软件本身问题，则可以尝试将软件升级到新版本或者降低到历史版本进行解决。对应厂商的网站或者资料库中可进行软件的下载和升级。诺瓦星云 GTS 知识资产库软件下载界面如图 6-14 所示。

1、软件及工具 > 诺瓦软件 > 1、调试软件 > NovaLCT			★
▼ 工具 ▼ 设置			
名称	大小	文件类型	
NovaLCT V5.4.2.Beta2.zip	93.7 MB	ZIP 文件	
NovaLCT V5.4.2.zip	94.4 MB	ZIP 文件	
NovaLCT_Mars V4.9.0.exe	31.5 MB	EXE 文件	
NovaLCT-Mars V2.8.2 Setup.exe	37.9 MB	EXE 文件	
NovaLCT-Mars V3.0.2 Setup.exe	43.2 MB	EXE 文件	
NovaLCT-Mars V3.2.2 Setup.exe	40.2 MB	EXE 文件	
NovaLCT-Mars V4.2.0 渠道版 Setup....	48 MB	EXE 文件	
NovaLCT-Mars V4.2.3 Setup.exe	48.2 MB	EXE 文件	
NovaLCT-Mars V4.2.4.exe	49.7 MB	EXE 文件	
NovaLCT-Mars V4.2.5 Setup.exe	65.6 MB	EXE 文件	
NovaLCT-Mars V4.2.6 Setup.exe	66.4 MB	EXE 文件	
NovaLCT-Mars V4.3.0 Setup.exe	49.6 MB	EXE 文件	
NovaLCT-Mars V4.3.2 Setup.exe	48.6 MB	EXE 文件	
NovaLCT-Mars V4.4.0 Setup.exe	55.3 MB	EXE 文件	

图 6-14　诺瓦星云 GTS 知识资产库软件下载界面

遇到由于软件本身导致的 LED 显示屏不受控问题，还可以尝试更换控制电脑解决。

▶ 6.1.3　LED 显示屏闪屏问题

1. 问题现象

LED 显示屏闪屏问题的现象主要分为两类：一类是固定位置闪屏；另一类是随机位置闪屏。其中，固定位置闪屏又可以根据闪屏位置的大小分为整屏闪屏、单网口区域闪屏、单张接收卡区域闪屏、单个模组区域闪屏。随机位置闪屏如图 6-15 所示。

图 6-15　随机位置闪屏

2. 问题分析及处理办法

故障排查时，一定要遵循观察问题、分析问题、定位问题、解决问题四步走的思路。能够找到规律的问题可以快速解决，随机发生的问题需要多耗费些时间，但遵循四步走的思路也一定能够解决。

通过问题现象可以完成闪屏故障排查的第一步。

下文将结合问题现象分析闪屏的原因。在分析问题时需要"顺藤摸瓜""按图索骥"，问题分析不靠灵感乍现，而靠逻辑分析。在分析闪屏问题时需要顺着系统链路的行进方向进行分析，下文以同步控制系统的基本架构为例进行分析。同步控制系统基本架构如图 6-16 所示。

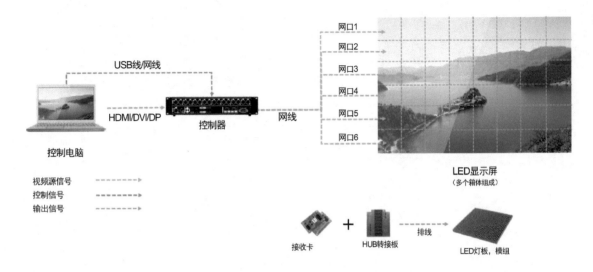

图 6-16　同步控制系统基本架构

通过同步控制系统基本架构可以看出，从前端的控制电脑、视频源到后端的控制器、接收卡、LED 模组及连接它们的视频信号线、网线、排线等都可能成为闪屏问题的"罪魁祸首"，由此可以将闪屏问题的可能原因罗列出来。

随机位置闪屏的可能原因要着眼全部去考虑。随机位置闪屏的可能原因关键词如表 6-1 所示。

表 6-1　随机位置闪屏的可能原因关键词

可能原因	视频源电脑	各类线材	发送卡	接收卡	供电
关键词	显卡输出故障 输出帧频不一致 兼容性问题	视频线材接口故障 主网线故障	输入接口故障 输出网口故障 发送卡硬件故障	固件程序错误 配置文件错误	供电功率不足

与随机位置闪屏的可能原因不同的是，固定位置闪屏的可能原因更多的是聚焦局部。固定位置闪屏的可能原因关键词如表 6-2 所示。

表 6-2　固定位置闪屏的可能原因关键词

可能原因	以网口为单位	以接收卡为单位	以模组为单位
关键词	该网口所连接箱体的供电问题 连接该网口的网线故障 发送卡网口故障	箱体供电问题 箱体之间短网线故障 该接收卡配置参数错误 该接收卡固件程序错误 HUB 转接板故障 该接收卡本身硬件故障	该模组供电问题 连接该模组的排线故障 接收卡 HUB 转接板接口故障 该接收卡本身 HUB 接口故障

可能原因如此之多，如何才能快速定位问题所在？借助工具、用对方法便可以使问题定位事半功倍。

1）借助工具——NovaLCT 软件的画面控制功能

以诺瓦星云的 NovaLCT 软件为例，其画面控制功能可以在 LED 显示屏中显示自测试画面。NovaLCT 软件的画面控制功能如图 6-17 所示，画面控制功能中屏体自测试红色效果如图 6-18 所示。

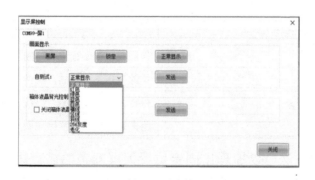

图 6-17　NovaLCT 软件的画面控制功能

图 6-18　画面控制功能中屏体自测试红色效果

　　由于画面控制功能中自测试的画面信号由接收卡直接提供，因此，在闪屏状态下通过画面控制功能结合 LED 显示屏现象，能够快速判断出闪屏问题的原因是否与接收卡有关，进而缩小排查范围。随机位置闪屏问题排查思路如图 6-19 所示。

随机位置闪屏问题排查定位

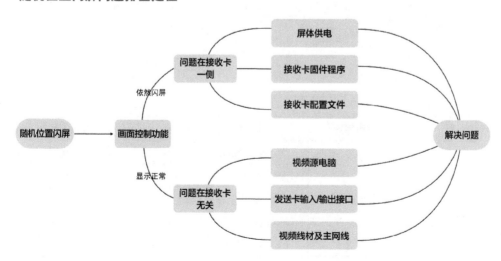

图 6-19　随机位置闪屏问题排查思路

2）用对方法——按图索骥法、排除法、控制变量法、交叉验证法

在问题排查的过程中除了借助工具，还要遵循科学的方法。常见问题排查的定位方法有 4 种，如表 6-3 所示。

表 6-3　常见问题排查的定位方法

定位方法	解决方案
按图索骥法	按照数据链路行进的方向排查
排除法	排除与现象无关的可能性
控制变量法	保持其他条件不变，每次只验证一个可能因素
交叉验证法	将问题区域与正常区域做交换，定位问题所在

结合上述 4 种方法可以梳理出固定位置闪屏问题的排查思路，如图 6-20 所示。

通过对问题的观察、分析，结合科学的方法和高效的工具，能够定位闪屏问题的具体原因。下一步是解决问题环节，也是整个闪屏问题故障排查环节中的最后一个环节。解决问题主要遵循 4 个字——对症下药，根据具体的问题定位，做出相应的排查动作。随机位置闪屏问题解决方案举例如表 6-4 所示。固定位置闪屏问题解决方案举例如表 6-5 所示。

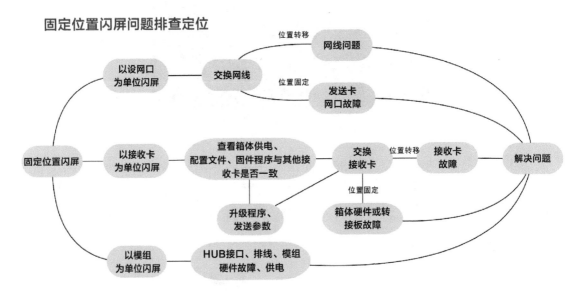

图 6-20　固定位置闪屏问题排查思路

表 6-4　随机位置闪屏问题解决方案举例

现　　象	可能原因	描　　述	解决方案
随机位置闪屏	视频源电脑	显卡输出故障	尝试更换视频源电脑
		兼容性问题	尝试更换视频源电脑
		显卡输出帧频与发送卡不对应（50Hz≠60Hz）	在显卡与发送卡设置相同的帧频
	视频线材	松动或接口损坏	更换质量更好的视频线材

续表

现　　象	可能原因	描　　述	解决方案
随机位置闪屏	发送卡	输入接口损坏	尝试寻找替代输入接口
		输出网口损坏	尝试寻找替代输出网口或更换发送卡
		发送卡本身硬件故障	尝试更换发送卡
随机位置闪屏	接收卡	配置文件错误	找到并发送原始配置文件或重新智能设置
		固件程序错误	在 GTS 平台寻找正确版本升级
	电源	电源供电功率不足	提供更加稳定可靠的电源供电

表 6-5　固定位置闪屏问题解决方案举例

现　　象		可能原因	描　　述	解决方案
固定位置闪屏	以网口为单位闪屏	输出网口问题	网口故障	寻找替代网口或更换发送卡
		网口超出带载能力	某网口超出带载能力	重新设计显示屏连接或降低发送卡帧频
		网线	网线连接异常或质量欠佳	更换质量更好的线材
	以接收卡为单位闪屏	电源	电源供电不稳	更换接收卡 PSU（供电单元）
		网线	箱体间网线松动或故障	重新插入或更换质量更好的线材
		接收卡	配置文件错误	从正常接收卡回读后再发送至问题接收卡
			固件版本错误	在 GTS 平台寻找正确版本升级或从其他接收卡回读
			接收卡硬件异常	更换备品接收卡重新发送参数、升级固件程序
		HUB 转接板	转接板硬件问题	更换 HUB 转接板
	以模组为单位闪屏	电源	灯板电源供电不稳	更换电源器件或电源连接线材
		HUB 转接板	HUB 转接板接口故障或 Pin 针损坏、虚焊	更换 HUB 转接板
		排线	排线连接松动或故障	重新插入或更换质量更好的线材

6.2　异步控制系统常见问题

近年来，随着智慧城市概念的提出，室内、户外商业显示领域的发展，异步控制系统的发展速度也越来越迅猛。异步控制系统弥补了同步控制系统在部分应用场景中某些功能的缺失，缓解了同步控制系统架构中常见的痛点，使显示屏的控制更加智能与便捷。其主要特点有集成度高、集群管理、控制灵活、模式多样及支持二次开发等。异步控制系统基本架构如图 6-21 所示。

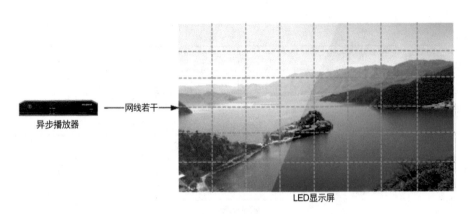

异步播放器 ← 网线若干 →

LED显示屏

图 6-21　异步控制系统基本架构

在异步控制系统基本架构中，前期需要借助电脑来进行显示屏调试，有时也会借助电脑与播放软件制作节目并将其发送至异步播放器中。但对终端用户而言，异步播放器中一旦储存了制作好的节目，便不再需要电脑。即便后期需要更换节目，用户通过手机移动端也可以实现。由此可以看出，相较于同步播放而言，异步播放脱离了电脑的束缚，直接通过异步控制系统进行节目播放，操作更简单。本节将列举异步控制系统常见的问题及解决方法。

▶ 6.2.1　控制电脑无法成功连接至异步播放器

以诺瓦星云 TB 系列的多媒体播放盒 TB8 为例进行介绍。TB8 前面板如图 6-22 所示，TB8 后面板如图 6-23 所示。

图 6-22　TB8 前面板

图 6-23　TB8 后面板

该设备的局域网连接控制方式主要有两种。

一种是控制电脑通过网线直接连到 TB8 后面板的 ETHERNET 接口，实现局域网通信，如图 6-24 所示。

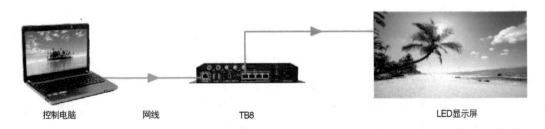

控制电脑　　　网线　　　　　TB8　　　　　LED显示屏

图 6-24　使用网线直接连接设备

另一种是通过 Wi-Fi 的形式进行连接，控制电脑或移动端设备通过搜索 TB8 的 AP 热点（Access Point，可接入热点，通常为"AP+8 位数字"）连接设备进行局域网通信，如图 6-30 所示。

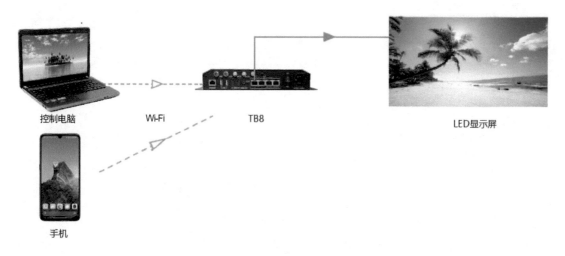

图 6-25　使用 Wi-Fi 连接设备

1. 问题现象

与诺瓦星云 TB8 配套的软件为电脑端播放软件 ViPlex Express 和显示屏调试软件 NovaLCT。其中，ViPlex Express 软件主要用于节目播放和设备控制。多媒体播放器连接的状态有在线、未登录、离线 3 种。控制电脑无法连接至异步播放器通常表现为设备处于离线状态。终端设备连接状态如图 6-26 所示。其中，"Taurus-40003834"即为连接失败的设备。

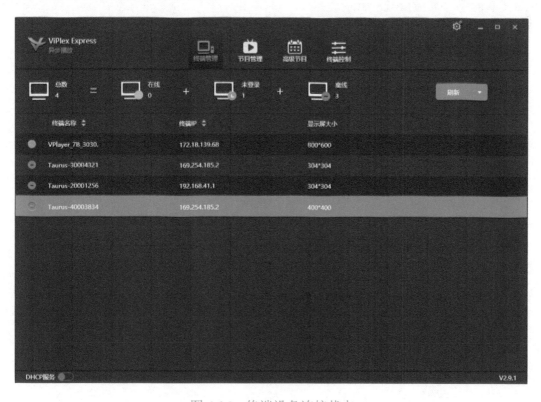

图 6-26　终端设备连接状态

　　NovaLCT 软件连接异步播放器主要实现对显示屏的配置和调试。若控制电脑未成功连接设备，则显示终端列表找不到设备，如图 6-27 所示。

图 6-27　终端列表找不到设备

2. 问题分析及处理方法

1）当控制电脑通过网线直接连接异步播放器时

（1）未开启 ViPlex Express 软件端 DHCP 服务。

　　由于 TB8 出厂时并无固定的 IP 地址，所以，当控制电脑连接 TB8 时，控制电脑端需要给 TB8 分配一个同网段的 IP 地址，使其与控制电脑握手成功。

　　DHCP 服务位于 ViPlex Express 软件的左下方，打开 DHCP 服务的开关即可开启 DHCP 服务，如图 6-28 所示。

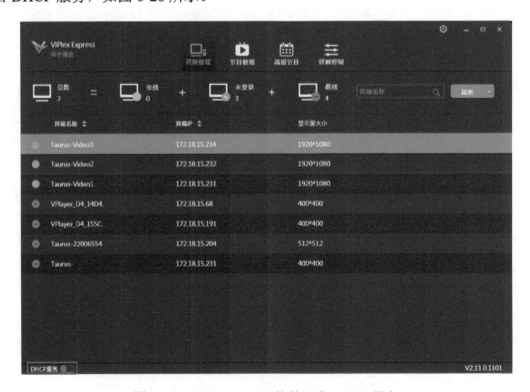

图 6-28　ViPlex Express 软件开启 DHCP 服务

（2）未关闭电脑防火墙或杀毒软件拦截。

控制电脑在安装 ViPlex Express 软件及 NovaLCT 软件时，电脑防火墙或杀毒软件阻止了软件的网络服务，导致电脑端软件无法成功连接异步播放器、ViPlex Express 软件设备离线、NovaLCT 软件看不到终端信息。

处理方法：需要在电脑端关闭防火墙或将电脑端软件加入杀毒软件的白名单列表。

2）当控制电脑通过 Wi-Fi 连接至异步播放器时

通常情况下，当控制电脑能够搜索到异步播放器的热点时，也能够成功连接异步播放器。但是下列情况也可能导致控制电脑无法成功连接异步播放器。

（1）Wi-Fi 信号弱或信号被屏蔽。

异步播放器常用于户外广告屏，很多用户会将异步播放器集成在屏体结构中，一是方便线材连接节省空间，二是起到一定的保护作用。但是，如果使用 Wi-Fi 连接的方式，屏体的金属结构会对 Wi-Fi 信号造成干扰甚至屏蔽，导致 Wi-Fi 信号弱甚至无法被搜索到。

处理方法：尝试使用手机搜索异步播放器热点测试，如果同样无法连接甚至无法搜索到 Wi-Fi 信号，则需要考虑增加 Wi-Fi 天线延长线或将异步播放器从屏体结构中解放出来。

（2）其他用户已连接至设备。

出于安全的考虑，设备厂商通常为异步播放器连接控制设置一个逻辑，即同一时间只能一位用户登录软件进行操作。所以，当已经有用户连接设备时，其他用户便不可以进行连接，此时就会导致控制电脑无法连接异步播放器。

处理方法：解决此问题的根本方法是更改设备出厂的"弱密码"（以诺瓦星云异步产品为例，异步播放器软件登录默认密码为 123456），确保设备工作的安全性。

▶▶ 6.2.2　安装了 4G 模块却无法上网

前面的章节提到异步播放器其中一个优点是可以实现集群管理，而集群管理是基于互联网的。因此，对于终端设备来说，绑定至云平台实现集群管理的前提条件是终端设备能连接互联网。

以诺瓦星云 TB8 为例，其连接互联网的方式有三种。

方式一：TB8 通过网线连接可上网的路由器，如图 6-29 所示。

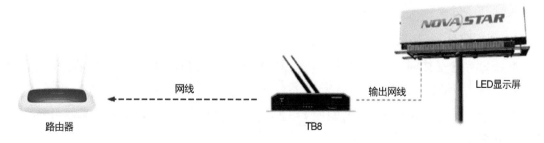

图 6-29　TB8 通过网线连接可上网的路由器

该连接方式下，路由器自动给 TB8 分配一个 IP 地址实现局域网交互，TB8 可以通过该路由器连接互联网。

方式二：TB8 通过 Wi-Fi STATION 功能连接可上网的路由器，如图 6-30 所示。

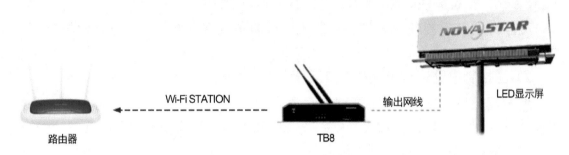

图 6-30 TB8 通过 Wi-Fi STATION 功能连接可上网的路由器

该连接方式通过 TB8 的 Wi-Fi STATION 功能搜索路由器的 Wi-Fi 信号，TB8 通过连接该路由器的 Wi-Fi 信号连接互联网。

方式三：为 TB8 安装 4G 模块并插入已激活的 SIM 卡，安装位置在设备外壳的正下方，拆除螺丝后插入对应型号的 4G 模块。TB8 外壳底部安装 4G 模块的位置如图 6-31 所示。

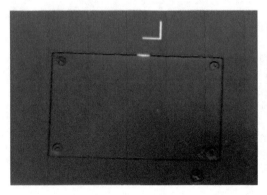

6-31 TB8 外壳底部安装 4G 模块的位置

1. 问题现象

本节讨论的常见问题是异步播放器安装了 4G 模块之后无法上网，即 TB8 已经选配了 4G 模块，但是却无法访问互联网。通常表现为 TB8 无法被绑定至云端或已连接 TB8 的 Wi-Fi AP 的移动端设备无法访问互联网。

2. 问题分析及处理方法

1）4G 模块未正确安装

4G 模块在安装时正确的做法是将预留的天线连接在 4G 模块的 MAIN 天线接口处，如果接错接口则导致天线未接通，设备接收不到 4G 信号，无法上网。

4G 模块天线正确连接方式如图 6-32 所示。按照此方法安装 4G 模块并连接天线不会出错。

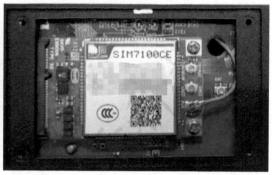

图 6-32　4G 模块天线正确连接方式

2）SIM 卡问题

异步播放器安装 4G 模块，是设备通过市面上主流电信运营商接入互联网的前提。除此之外，异步播放器还应当插入 SIM 卡实现上网功能，涉及 SIM 卡问题导致无法上网的情况有以下几种可能。

（1）SIM 卡未被激活或欠费。

在将 SIM 卡插入 TB8 之前，可使用手机测试 SIM 卡是否已成功被激活。如果 SIM 卡处于无欠费状态，则能够顺利接入互联网。

（2）APN 设置问题。

在部分应用场景中，由于保密及安全问题，有关部门不使用常规服务器接入互联网，通常使用私有、自建的 APN。这种情况下需要与对应运营商沟通调试好 APN 网络环境，异步播放器才能够顺利接入互联网。

（3）工业级网卡问题。

在很多通过 4G 模块上网的应用场景中，用户一般不会选择放入一张常规的电话卡，因为高昂的流量费用是个比较头疼的问题。针对此类应用场景，主流的电信运营商都会推出工业级网卡，使用工业级网卡能够有效降低用户的运营成本。工业级网卡往往用到指定的通信端口，并且存在定向流量的情况，这也是需要联系运营商调试好之后投入使用的。

同时还需要注意，由于工业级网卡的保护机制，不要将单张工业级网卡在多个终端使用，否则可能导致工业级网卡被锁进而无法连接网络。

3）4G 信号不稳定问题

生活中，手机通信经常遇到信号不稳定的问题，通过 4G 模块上网的异步播放器也是如此。设备运行环境周围的 4G 信号的强弱也会影响终端上网的稳定性，因此，异步播放器尽量不要放置在屏体结构内部，同时调整终端设备 4G 天线的朝向以增强 4G 信号的强度。

▶ 6.2.3　通过云平台下发节目异常问题

异步控制系统的使用通常离不开云平台。以诺瓦星云的云平台 VNNOX 为例，其集群管理、远程发布的逻辑是先将多个可以上网的异步播放器绑定在 VNNOX 中，再通过互联网将云平台编辑好的节目下发给各个播放器。其中，经常遇见的问题为节目下发异常。

1. 问题现象

节目下发异常通常包括以下几类问题现象：

（1）云平台节目下发之后，终端无反应。

（2）云平台更新节目时更新失败。

（3）云平台更新节目时进度条卡住。

2. 问题分析及处理方法

1）云平台节目下发之后，终端无反应

该问题通常发生在云平台下发节目时，虽然云平台提示节目下发成功，但是终端的 LED 显示屏并没有显示下发的节目内容。

能够成功下发节目说明设备并没有离线，但是没有实时反馈下发的内容可能是由于终端时间不准确导致的。

处理方法：通过 ViPlex Express 软件连接至终端进行对时操作，或者通过 VNNOX 进行对时操作。终端控制–对时管理如图 6-33 所示，VNNOX 对时配置如图 6-34 所示。

2）云平台更新节目时更新失败

（1）未进行节目关联。

当云平台出现更新失败的提示时，先确认提示信息，图 6-35 中"1 个失败，未关联节目"表示该终端播放器未关联云平台需要播放的内容清单。

处理方法：进入播放器属性中进行节目关联即可。VNNOX 终端播放器关联节目如图 6-36 所示。

图 6-33　终端控制-对时管理

图 6-34　VNNOX 对时配置

图 6-35　更新节目失败报错

图 6-36　VNNOX 终端播放器关联节目

（2）设备正在升级中。

无论是同步控制系统还是异步控制系统都需要进行设备的固件升级。固件升级的作用一方面是修复已知 BUG，提高设备和系统的稳定性；另一方面是增加新功能的应用。一旦在设备升级期间进行节目更新操作，系统便会提示节目更新失败。因此，在更新节目前需确认播放器是否处于固件升级中。VNNOX 播放器升级提示如图 6-37 所示。

图 6-37　VNNOX 播放器升级提示

3）云平台更新节目时进度条卡住

此问题也是云平台给播放器集群发布节目时常见的一个问题。VNNOX 发布节目进度为 0%如图 6-38 所示。

图 6-38　VNNOX 发布节目进度为 0%

（1）通常情况下，更新节目进度条卡住首先确认是否为通信问题，即设备的网络状态是否稳定。如果能够确认网络稳定，则排查其他问题。

（2）确认媒体内是否包含敏感文字等信息。如果包含国家相关敏感信息，则终端服务器会限制使用，如阿里云服务器，需要删除或更新媒体资源后尝试重新下发节目。

（3）播放清单中通常会有多个媒体节目的编排，需要确认清单中的节目状态是否正常。如果清单中的某一个媒体被删除，则在更新节目清单时也会出现问题。